高速公路气象服务手册

主　编:于庚康
副主编:尹东屏　黄　亮

气象出版社
China Meteorological Press

内容简介

本书是作者在认真总结交通气象服务领域多年的工作实践并汲取最新的研究和应用成果基础上编写而成。书中全面介绍了高速公路气象服务和气象灾害避险知识,并重点解析了严重影响高速公路车辆安全行驶的交通气象灾害,以及灾害形成的原因、预警阈值与交通事故之间的关系,以提高人们对高速公路气象灾害的认识和防御能力。本书主要面向高速公路管理人员、交通警察、车辆驾驶人员以及为交通安全提供服务的气象工作者,也可供高校相关专业的教师、学生和气象爱好者阅读。

图书在版编目(CIP)数据

高速公路气象服务手册 / 于庚康等主编.--北京:气象出版社,2016.12
ISBN 978-7-5029-6231-9

Ⅰ.①高…　Ⅱ.①于…　Ⅲ.①高速公路-气象服务-中国-手册　Ⅳ.①P451-62

中国版本图书馆 CIP 数据核字(2016)第 290786 号

GAOSU GONGLU QIXIANG FUWU SHOUCE

高速公路气象服务手册

出版发行:气象出版社		
地　　址:北京市海淀区中关村南大街 46 号	**邮政编码**:100081	
电　　话:010-68407112(总编室)　010-68408042(发行部)		
网　　址:http://www.qxcbs.com	**E-mail**:qxcbs@cma.gov.cn	
责任编辑:李太宇	**终　　审**:邵俊年	
责任校对:王丽梅	**责任技编**:赵相宁	
封面设计:博雅思企划		
印　　刷:北京建宏印刷有限公司		
开　　本:710 mm×1000 mm　1/16	**印　　张**:7	
字　　数:180 千字		
版　　次:2017 年 1 月第 1 版	**印　　次**:2017 年 1 月第 1 次印刷	
定　　价:30.00 元		

《高速公路气象服务手册》
编委会

主　　编：于庚康

副 主 编：尹东屏　黄　亮

编　　委：张　岚　赵雅琴　徐　敏　李玉佩　于　堃
　　　　　张振东　田小毅　鲍　婧　雷正翠

资料提供：曾明剑　周林义　朱承瑛　周　宏

审　　稿：周曾奎

前　　言

　　江苏省地处我国东部沿海,经济相对发达,地势较为平坦,路网纵横密布,2015年底高速公路里程达到 4546 千米,路网密度位居全国前列;根据其经济社会发展特点以及所处的地理区位,借鉴日本、德国、美国等发达国家高速公路的发展规律,形成了"五横九纵四联"的高速路网分布格局。同时,江苏也是气象灾害多发的地区之一,大雾、强降水、高温、降雪、道路结冰、大风等灾害性天气频繁发生,每年因气象灾害造成的交通损失数以千万计。

　　尽管无法改变气象灾害,但是在交通气象灾害面前,我们也并非束手无策。面对天气气候对交通特别是高速公路的影响,交通和气象部门联合协作,加强交通气象服务保障工作,将天气气候对高速公路的影响尽量降低和减少。从中国气象局到部分省市气象局,都开展了相应的交通气象服务工作。从 1996 年开始,江苏省气象局和沪宁高速公路运营管理部门紧密合作,开展了高速公路气象条件的监测、预警、预报服务等工作,并逐步扩展到全省。目前已在全省各条高速公路建立交通气象监测站点 340 套,平均 10～15 km 一套,交通气象服务对象基本做到全路网覆盖,先后取得了"沪宁高速公路(江苏段)秋冬季浓雾灾害研究""江苏省高速公路大雾遥感监测业务系统""高速公路气象保障与决策管理系统""高速公路气象服务系统(TMISS)"等多项成果,为全国高速公路气象保障提供了较好的示范。同时,也有效地减轻和降低了不利天气气候条件对高速公路造成的负面影响。

　　鉴于国内目前还没有一本较为全面介绍高速公路气象服务和气象灾害避险知识的读物,编者在"交通气象短临预警服务关键技术集成"项目的基础上,总结在交通气象服务领域多年的工作实践并汲取最新的研究和应用成果,编写了这本手册,目的是向大家介绍高速公路气象服务和气象灾害避险知识。手册着重于严重影响高速公路车辆安全行驶的交通气象灾害,其中含雾、高温、结冰、短时强降雨、降雪、大风等,汇集了高速公路基本情况及交通气象灾害形成的原因、预警阈值与交通事故之间的关系,以期提高人们对高速公路气象灾害的认识和防御能力。本手册主要面向高速公路管理人员、交通警察、司驾人员以及为交通气象安全提供服务的气象工作者,也可供高校相关专业的教师、学生和气象爱好者阅读。

　　本书由江苏省气象服务中心于庚康、尹东屏负责组织、协调编写,并编制了编写大纲,由"交通气象短临预警服务关键技术集成"项目组承担编写任务。

参加本书编写的有黄亮、张岚、赵雅琴、徐敏、李玉佩、于堃。全书由黄亮统稿,田小毅、鲍婧、张振东、雷正翠、曾明剑、周林义、朱承瑛等提供资料,并得到了周曾奎老专家的亲自审阅。此外,本书的编写还得到了江苏省高速公路联网中心的大力支持和帮助,特别要感谢周宏高级工程师的积极支持。同时,本书的编写过程中参考或使用了相关书籍的数据资料,在此一并表示真诚的谢意。

由于编者水平有限,书中所反映的最新成果和发展动态也是挂一漏万,错误和不妥在所难免,热忱欢迎专家和读者批评指正。

编　者

2016 年 9 月

目　　录

第 1 章　江苏高速公路布局和不同 区域的气候特点

1.1　江苏高速公路布局简述

公路是现代社会必需的基础设施,是各种经济社会活动联系的纽带,是兼具出行方便性与机动性的最佳交通方式。高速公路在集约利用资源、提高运输效率、优化产业布局、促进城市化发展等多方面具有显著优势,是经济社会发展的关键要素。发展高速公路是江苏人民生活水平提高的必然要求,是科学发展观在交通现代化进程中的具体体现。二十多年来,江苏高速公路发展经历了"八五"起步、"九五"展开、"十五"初步形成网络、"十一五"和"十二五"大发展四个阶段,表现为"起步迟、起点高、发展快、质量好"。1993 年沪宁高速公路的全面开工,揭开了江苏高速公路建设的序幕;1996 年沪宁高速公路建成通车,实现了江苏高速公路零的突破;2000 年高速公路通车里程突破 1000 km,实现了新的跨越;至 2004 年底,高速公路通车里程达到 2424 km;2008 年,"四纵四横四联"高速公路网建成;截至 2015 年 12 月,江苏基本建成"五纵九横五联"的 19 条主骨架高速路网,高速公路通车里程达到 4546 km。高速公路连接了全省几乎所有县级及以上城市、重要机场、港口等,覆盖了现状人口 10 万以上的城镇。根据规划,十三五期间高速公路总里程将达到 5100 km。其中,四车道 1630 km、六车道 2610 km、八车道 860 km,并包含 11 条过江通道;所有规划节点 30 分钟进入高速公路网,高速公路网面积密度为 5.18 km/百平方 km,与发达国家大都市圈的水平相当;省会与各省辖市间、长三角区域主要城市间 3~4 小时即可到达,省内县或县级市间 4~5 小时到达,任意方向 4 小时过境。

具体线路如下(里程包括支线):

五条纵线

"纵一"为赣榆经南通至吴江,全长 640 km(含支线 100 km);

"纵二"为赣榆经江阴至吴江,全长 540 km;

"纵三"为新沂至宜兴,全长 410 km;

"纵四"为连云港经南京至宜兴,全长 590 km(含支线 50 km);

"纵五"为徐州至溧阳,全长 490 km(含支线 20 km);

九条横线

"横一"为徐州至连云港,全长 240 km;

"横二"为丰(沛)县至大丰,全长 490 km(含支线 30 km);

"横三"为南京经泰州至启东,全长 340 km;

"横四"为南京经南通至启东,全长 380 km(含支线 10 km);

"横五"为南京至上海,全长 310 km;

"横六"为南京至上海复线,全长 310 km;

"横七"为溧水至太仓,全长 260 km;

"横八"为高淳至太仓,全长 300 km(包含支线 30 km);

"横九"为上海经吴江至湖州,全长 50 km;

五条联络线

"联一"为新沂至宿迁,全长 70 km;

"联二"为泗洪至泗阳,全长 50 km;

"联三"为泰州经扬中至丹阳,全长 80 km;

"联四"为如东至无锡,全长 140 km(含支线 10 km);

"联五"为南京至高淳,全长 90 km。

详见下表:

表 1.1 江苏高速公路线路布局表(以下里程含共线段)

编号	线路全称	里程(km)	起点	终点	线路连接的主要节点	功能描述
纵向线路						
纵一 Z1	赣榆经南通至吴江高速公路	540	苏鲁界(汾水)	苏浙界(芦墟)	赣榆、连云港、灌云、响水、滨海、盐城、东台、海安、如皋、南通、常熟、苏州、吴江	1. 国家高速公路网"沈阳—海口"线路的重要组成部分 2. 沟通沿海各重要节点的南北通道,过境通道功能明显 3. 连接苏通大桥与杭州湾宁波、绍兴通道,形成上海外围过境通道
支线 Z1-1	苏嘉杭高速公路	100	常熟(董浜)	苏浙界(平望)	常熟、苏州、吴江	4. 在江苏省内连接了连云港、盐城、南通和苏州四市
纵二 Z2	赣榆经江阴至吴江高速公路	540	苏鲁界(临沭)	苏浙界(桃源)	赣榆、连云港、盐城、姜堰、靖江、江阴、无锡、苏州、吴江	1. 形成又一南北向通道,强化沿海通道 2. 缓解京沪通道交通走廊压力 3. 长三角重要干线,沟通江阴大桥与杭州湾萧山通道

编号	线路全称	里程(km)	起点	终点	线路连接的主要节点	功能描述
纵三 Z3	新沂至宜兴高速公路	410	新沂	苏浙界(宜兴)	沭阳、淮安、宝应、高邮、江都、常州、宜兴	1. 国家高速公路网"北京—上海"线路的重要组成部分 2. 南北向通道功能显著,是江苏省南北向中轴交通通道 3. 北京—杭州的快速通道 4. 连接了淮安、扬州、常州三市
纵四 Z4	连云港经南京至宜兴高速公路	530	连云港	苏浙界(宜兴)	连云港、灌云、灌南、淮安、洪泽、南京、溧水、溧阳、宜兴	1. 国家高速公路网"长春—深圳"线路的重要组成部分 2. 省会南京对外的重要通道,同时在长三角地区构筑了南京至杭州的快速通道 3. 连接了连云港、淮安、南京三市
支线 Z4-1	连云港港口连接线	10	连云港	连云港	/	
支线 Z4-2	南京二桥及接线	50	南京	南京	/	
纵五 Z5	徐州至溧阳高速公路	470	苏鲁界(贾汪)	苏皖界(广德)	贾汪、徐州、睢宁、泗洪、盱眙、天长(安徽)、扬州、镇江、溧阳	1. 联系山东、江苏、安徽和浙江四省的南北向交通通道 2. 其中扬州至溧阳段是国家高速公路网中"上海—西安"的联络线 3. 连接了徐州、宿迁、扬州和镇江四市
支线 Z5-1	灵璧至观音机场	10	苏皖界(灵璧)	观音机场	/	
支线 Z5-2	泗县至泗洪	10	苏皖界(泗县)	泗洪	/	
横向线路						
横一 H1	徐州至连云港高速公路	240	苏鲁界(徐州)	连云港港区	徐州、邳州、新沂、东海、连云港	1. 国家高速公路网"连云港—霍尔果斯"线路的重要组成部分,是中西部地区至东部地区的通道线路 2. 推动江苏省沿东陇海加工产业带的形成和发展 3. 徐州都市圈内部核心城市联系干线 4. 是中西部地区利用连云港港口的重要通道

续表

编号	线路全称	里程(km)	起点	终点	线路连接的主要节点	功能描述
横二 H2	丰县至盐城高速公路	420	丰县、沛县	盐城	丰县、沛县、徐州、睢宁、宿迁、泗阳、淮安、建湖、盐城	1. 国家高速公路网"长春—深圳"线路的支线 2. 苏北纵向交通的路网分流联络线 3. 向西连通了山东济宁、菏泽,方便了两省沟通,在江苏省内连接了徐州、宿迁、淮安、盐城四个地级市,城际交通功能显著
支线 H2-1	徐州绕城西段	30	徐州	徐州	/	
横三 H3	南京经泰州至启东高速公路	340	苏皖界(六合)	启东	六合、仪征、扬州、江都、泰州、姜堰、海安、如皋、如东、启东	1. 横贯苏中腹地,连接南京、扬州、泰州三市,沟通若干县级节点,促进城镇带的形成和发展 2. 利用崇启通道过江,增强苏中、苏北地区与上海浦东的联系 3. 缓解宁通线交通压力 4. 形成与安徽的出省通道,增强南京对周边的辐射力度
横四 H4	南京经南通至启东高速公路	370	苏皖界(浦口)	启东	浦口、六合、仪征、扬州、江都、泰兴、靖江、南通市区、海门	1. 国家高速公路网"上海—西安"线路的重要组成部分 2. 构成北沿江公路通道的骨架,为沿江港口东西集输运通道 3. 河南、安徽至江苏、上海的东西向通道 4. 沟通南京、扬州、南通等城市,连通长江北岸各地市
支线 H4-1	崇海通道	10	海门	上海崇明	/	
横五 H5	沪宁高速公路	310	苏皖界(浦口)	苏沪界(花桥)	浦口、南京、镇江、常州、无锡、苏州、上海	1. 国家高速公路网"上海—成都"线路的重要组成部分 2. 加强上海向中西部地区辐射的力度,是中西部至上海的东西向通道,过境通道功能明显 3. 沿沪宁高新技术产业带的重要支撑,同时带动了苏南五市的产业发展,兼具城际交通的功能
横六 H6	沪宁南部通道	310	苏皖界(马鞍山)	苏沪界(青浦)	江宁、溧水、金坛、常州、无锡、苏州、上海	1. 缓解沪宁高速的压力,共同构筑沪宁通道 2. 功能定位为城际通道,同时也具东西过境通道的功能 3. 苏锡常都市圈南部通道

续表

编号	线路全称	里程(km)	起点	终点	线路连接的主要节点	功能描述
横七 H7	溧水至太仓高速公路	260	苏皖界(马鞍山)	苏沪界(太仓)	溧水、金坛、常州、江阴、张家港、常熟、太仓	1. 连通苏南的东部沿江各地及港口，并辐射苏南西南部，为沿江港口的发展创造了经济腹地 2. 向西南连通了安徽马鞍山和芜湖，与安徽线路形成完整的江南高速公路
横八 H8	高淳至太仓高速公路	270	苏皖界(芜湖)	太仓	高淳、溧阳、宜兴、无锡、昆山、太仓	1. 连通高淳、溧阳、宜兴、无锡、昆山、太仓等节点，是苏南地区重要的经济线路 2. 增强了传统的沪宜通道的功能，同时也使太仓港的腹地更为广阔
支线 H8-1	苏州绕城高速西北段	30	苏州	苏州	/	
横九 H9	沪苏浙高速公路江苏段	50	吴江(芦墟)	吴江(震泽)	吴江	1. 国家高速公路网"上海—重庆"线路的重要组成部分 2. 沟通沪、苏、浙、皖四省(市)的跨省东西向通道
联络线路						
联一 L1	宿迁至新沂高速公路	70	宿迁	新沂	宿迁、新沂	1. 加强宿迁与连云港的联系 2. 与京沪高速公路相接，为京沪南下交通适当分流 3. 增强了新沂和宿迁的南北向交通区位优势
联二 L2	泰州至丹阳高速公路	80	泰州	丹阳	泰州、扬中、丹阳	1. 增强苏中、苏南地区的联系 2. 提升泰州和镇江、常州的交通区位 3. 使常州与泰州、盐城、淮安、徐州、宿迁、连云港等便捷沟通，同时也沟通了扬中节点
联三 L3	无锡至南通高速公路	90	无锡	南通	无锡、张家港、南通	1. 增强苏中与苏南的联系 2. 连通无锡、张家港和南通，增加苏锡常地区向北的经济辐射 3. 形成新的过江通道，缓解长江过江压力
支线 L3-1	无锡至苏州连接线	10	无锡	苏州	无锡、苏州	

续表

编号	线路全称	里程(km)	起点	终点	线路连接的主要节点	功能描述
联四L4	南京至高淳高速公路	90	南京	苏皖界(高淳)	南京、溧水、高淳	1. 增加南京对周边地区的辐射力度,带动溧水和高淳的发展 2. 与安徽路网衔接,形成至黄山地区的旅游线路

过江通道

编号	线路全称	里程(km)	起点	终点	线路连接的主要节点	功能描述
1	南京长江公路三桥	在建	南京	南京		1. 国家高速公路网"上海—成都"线路的重要组成部分 2. 南京、苏南联系安徽省及以西地区的重要通道 3. 南京高速二环的重要组成 4. 南京长江南北区域沟通
2	南京长江公路二桥	已建	南京	南京		1. 国家高速公路网"南京—洛阳"线路的重要组成部分 2. 南京江南、江北沟通及联系苏中的主要通道 3. 南京绕城公路(一环公路)的重要组成
3	南京长江公路四桥	规划	南京	南京		1. 国家高速公路网"长春—深圳"线路的重要组成部分 2. 南京二环高速的重要组成 3. 沪宁、宁杭高速与江北公路网连接的重要路段 4. 南京江南城区与江北地区的有效沟通
4	润扬长江公路大桥	在建	扬州	镇江		1. 国家高速公路网"上海—西安"支线的重要组成部分 2. 沟通扬州与镇江,便捷扬州地区与上海、苏锡常地区的联系 3. 分流部分京沪高速往浙北、皖南的货流
5	五峰山过江通道	规划	扬州	镇江		1. 位于江苏省中轴线上,使京沪高速公路通道直接连接江南区域,并继续南延接上宁杭高速后直通杭州,形成中部最便捷的南北高速通道 2. 加强扬镇常城镇组团的凝聚力

编号	线路全称	里程（km）	起点	终点	线路连接的主要节点	功能描述
6	泰州过江通道	规划	泰州	镇江		1. 连接泰州、扬中、镇江以及常州等市 2. 分流部分京沪高速至江阴大桥的车流 3. 顺捷沟通江南、江北沿江高速公路
7	江阴长江公路大桥	已建	泰州	无锡		1. 国家高速公路网"北京—上海"线路的重要组成部分 2. 连接泰州、南通与苏锡常地区
8	锡通过江通道	规划	南通	苏州（张家港）		1. 加强苏南地区与南通的紧密联系，使南通及苏北地区成为苏南的广大的经济腹地 2. 无锡、常熟、苏州与南通城际之间的沟通通道
9	苏通长江公路大桥	在建	南通	苏州（常熟）		1. 国家高速公路网"沈阳—海口"线路的重要组成部分 2. 连接苏州、张家港与南通及盐城等地区
10	崇海过江通道	规划	南通	上海		1. 分流苏通大桥过江交通压力 2. 加强南通及以北地区与上海的联系
11	崇启过江通道	规划	南通	上海		1. 国家高速公路网"上海—西安"线路的重要组成部分 2. 加强苏中、苏北与上海的联系 3. 增加上海空港、海港对苏中、苏北的辐射

1.2　江苏各高速公路气候状况简述

江苏省位于亚洲大陆东岸中纬度地带，属东亚季风气候区，处在亚热带和暖温带的气候过渡地带。江苏省地势平坦，介于 30°46′—35°07′N 之间，116°22′—121°55′E 之间，一般以淮河、苏北灌溉总渠一线为界，以北地区属暖温带湿润、半湿润季风气候；以南地区属亚热带湿润季风气候。江苏拥有 1000 多千米长的海岸线，海洋对江苏的气候有着显著的影响。在太阳辐射、大气环流以及江苏特定的地理位置、地貌特征的综合影响下，江苏基本气候特点是：气候温和、四季分明、季风显著、冬冷夏热、春温多变、秋高气爽、雨热同季、雨量充沛、降水集中、梅雨显著，光热充沛。江苏的高速公路分布全省,有的横穿东西,有的纵贯南北,并且互相交织,了解这些高速公路的气候状况(见表1.2),有助于更好地开展气象服务工作。

表 1.2　江苏主要高速公路气候状况

序号	全称	简称	编号
	北京—上海高速公路	京沪高速	G2
	气候概况		
1	G2是国家高速路网中的主动脉之一,在江苏境内始于徐州市苏鲁边界,止于苏州花桥苏沪边界,从北到南纵贯江苏,气候区域跨度较大,年平均气温14℃(苏北路段)～16℃(苏南路段),极端最高气温接近40℃,极端最低气温低于－23℃,年平均地面温度16℃(苏北路段)－18℃(苏南路段),极端最高地面温度接近72℃,极端最低地面温度接近－30℃;年降水量900(苏北路段)～1100 mm(苏南路段),年降水日数90(苏北路段)～120天(苏南路段);年平均相对湿度72%(苏北路段)～80%(苏南路段),年平均水汽压14(苏北路段)～16 hPa(苏南路段);年平均风速3～4 m/s。		
	北京—台北高速公路	京台高速	G3
	气候概况		
2	G3也是国家高速路网中的主动脉之一,但是在江苏境内较短,起于京福省界收费站,止于苏皖省界,整个路段均在徐州市境内,年平均气温14℃左右,极端最高气温接近39℃,极端最低气温接近－11℃,年平均地面温度16℃左右,极端最高地面温度接近72℃,极端最低地面温度接近－26℃;年降水量800～900 mm,年降水日数90天;年平均相对湿度72%,年平均水汽压14 hPa;年平均风速3～4 m/s。		
	沈阳—海口高速公路	沈海高速	G15
	气候概况		
3	G15沈海高速在江苏境内始于连云港苏鲁边界,止于苏州太仓与上海交界处,也是一条从北到南纵贯江苏的主干线,气候区域跨度较大,年平均气温14(苏北路段)～15.5℃(苏南路段),极端最高气温接近41℃,极端最低气温接近－20℃,年平均地面温度16℃(苏北路段)－18℃(苏南路段),极端最高地面温度接近72℃,极端最低地面温度接近－30℃;年降水量800(苏北路段)～1100 mm(苏南路段),年降水日数90(苏北路段)～120天(苏南路段);年平均相对湿度72%(苏北路段)～80%(苏南路段),年平均水汽压14(苏北路段)～16 hPa(苏南路段);年平均风速3～4 m/s。		
	常熟—台州高速公路	常台高速	G15W
	气候概况		
4	G15W常台高速公路是沈海高速(G15)的并行线,在江苏境内起于苏州市常熟,止于苏州吴江苏浙省界。年平均气温15.5℃,极端最高气温接近40℃,极端最低气温接近－12℃,年平均地面温度17～18℃,极端最高地面温度不接近72℃,极端最低地面温度接近－26℃;年降水量1000～1100 mm,年降水日数120～130天;年平均相对湿度80%左右,年平均水汽压16 hPa左右;年平均风速3～4 m/s。		

序号	全称	简称	编号
	长春—深圳高速公路	长深高速	G25

气候概况

5　G25 在江苏境内始于连云港赣榆苏鲁边界,止于无锡宜兴苏浙边界,从北到南贯穿全省,气候区域跨越很大。年平均气温 14℃(苏北路段)～16℃(苏南路段),极端最高气温接近 41℃,极端最低气温低于－23℃,年平均地面温度 16(苏北路段)～18℃(苏南路段),极端最高地面温度超过 76℃,极端最低地面温度接近－30℃;年降水量 800(苏北路段)～1200 mm(苏南路段),年降水日数 90(苏北路段)～130 天(苏南路段);年平均相对湿度 72%(苏北路段)～80%(苏南路段),年平均水汽压 14(苏北路段)～16 hPa(苏南路段);年平均风速 3～4 m/s。

	南京市绕城高速公路	南京绕城高速	G2501

气候概况

6　G2501 为南京绕城高速公路,又称绕越高速,是南京市市区外环道路,全长 166 km。因绕城而建,因此均在南京范围之内,气候较为单一。年平均气温 15℃左右,极端最高气温接近 41℃,极端最低气温接近－17℃,年平均地面温度 17℃左右,极端最高地面温度超过 76℃,极端最低地面温度接近－22℃;降水量 1000～1100 mm,年降水日数 100～110 天;年平均相对湿度 76%～80%,年平均水汽压 15 hPa 左右;年平均风速 3 m/s 左右。

	淮安—徐州高速公路	淮徐高速	G2513

气候概况

7　G2513 简称淮徐高速,是 G25 高速的联络线之一,亦为盐徐高速公路的一部分,起于淮安楚州枢纽,止于徐州大黄山枢纽,自淮安经宿迁至徐州,全线均位于江苏境内,具有典型的苏北气候特征。年平均气温 14℃,极端最高气温接近 41℃,极端最低气温低于－23℃,年平均地面温度 16～17℃,极端最高地面温度近 72℃,极端最低地面温度接近－30℃;年降水量 800～900 mm,年降水日数 90～100 天;年平均相对湿度 72%～76%,年平均水汽压 14～15 hPa;年平均风速 3 m/s 左右。

	连云港—霍尔果斯高速公路	连霍高速	G30

气候概况

8　G30 连霍高速,是连接江苏连云港市和新疆霍尔果斯市的高速公路,全长 4395 km,是中国最长的高速公路。在江苏境内起于连云港渔湾,止于徐州铜山苏皖省界,经连云港、徐州两市,长度 238 km,典型的苏北气候特征。年平均气温 14～14.5℃,极端最高气温接近 41℃,极端最低气温低于－23℃,年平均地面温度 16～17℃,极端最高地面温度近 68℃,极端最低地面温度接近－26℃;年降水量 900 mm,年降水日数 90～100 天;年平均相对湿度 72%～76%,年平均水汽压 14～15 hPa;年平均风速 3～4 m/s。

序号	全称	简称	编号
	南京—洛阳高速公路	宁洛高速	G36
	气候概况		
9	G36 宁洛高速是连接南京市和洛阳市的高速公路,全长 722 km,但在江苏境内较短,起于马群枢纽,止于六合苏皖省界,均在南京市辖区内,气候状况单一。年平均气温 15℃左右,极端最高气温接近 41℃,极端最低气温接近－17℃,年平均地面温度 17℃左右,极端最高地面温度超过 76℃,极端最低地面温度接近－22℃;年降水量 1000 mm,年降水日数 100 天;年平均相对湿度 76%,年平均水汽压 15 hPa 左右;年平均风速 3 m/s 左右。		
	上海—西安高速公路	沪陕高速	G40
	气候概况		
10	G40 沪陕高速,在江苏境内起于南通崇启大桥,止于南京六合苏皖省界,经南通、泰州、扬州、南京四市,自东向西横穿江苏,气候特征上呈现苏中地区的特点。年平均气温 15～15.5℃,极端最高气温接近 41℃,极端最低气温近－22℃,年平均地面温度 17～18℃,极端最高地面温度近 76℃,极端最低地面温度接近－26℃;年降水量 1000～1100 mm,年降水日数 100～110 天;年平均相对湿度 76%～80%,年平均水汽压 15～16 hPa;年平均风速 3～4 m/s。		
	扬州—溧阳高速公路	扬溧高速	G4011
	气候概况		
11	G4011 扬溧高速是 G40 的联络线之一,起自扬州汊河枢纽,跨长江而行,途经镇江,止于常州溧阳新昌枢纽,全线均位于江苏境内。年平均气温 15～15.5℃,极端最高气温接近 41℃,极端最低气温近－20℃,年平均地面温度 17～18℃,极端最高地面温度近 72℃,极端最低地面温度接近－22℃;年降水量 1100～1200 mm,年降水日数 110～120 天;年平均相对湿度 76%～80%,年平均水汽压 15～16 hPa;年平均风速 3～4 m/s。		
	上海—成都高速公路	沪蓉高速	G42
	气候概况		
12	G42 沪蓉高速,在江苏境内起于苏州花桥苏沪省界,止于南京宁合主线收费站,自东向西途径苏州、无锡、常州、镇江和南京五个市,除南京绕城共线段外,其余绝大部分路段均在长江以南,气候特征基本与苏南地区一致。年平均气温 15.5～16℃,极端最高气温接近 40℃左右,极端最低气温接近－20℃,年平均地面温度 17℃,极端最高地面温度接近 76℃,极端最低地面温度接近－22℃;年降水量 1100～1200 mm,年降水日数 110～120 天;年平均相对湿度 76%～80%,年平均水汽压 16 hPa;年平均风速 3～4 m/s。		
	南京—芜湖高速公路	宁芜高速	G4211
	气候概况		
13	G4211 宁芜高速是 G42(G40)与 G50 这两大横线在东部的重要连接,该线在江苏境内起于南京刘村枢纽,止于南京与马鞍山交接的苏皖省界,只有 27 km,均在南京地区。年平均气温 15.5℃,极端最高气温接近 41℃左右,极端最低气温接近－17℃,年平均地面温度 17℃,极端最高地面温度接近 72℃,极端最低地面温度接近－22℃;年降水量 1000～1100 mm,年降水日数 120 天;年平均相对湿度 76%,年平均水汽压 16 hPa;年平均风速 3～4 m/s。		

序号	全称	简称	编号
14	上海—重庆高速公路	沪渝高速	G50

气候概况

G50 沪渝高速是我国一条连接东西的重要高速公路,全长 1768 km,但在江苏境内的路段并不长,只有 50 km,均在苏州地区,起于苏沪省界,止于苏浙省界,典型的苏南气候特征。年平均气温 15.5℃,极端最高气温接近 40℃左右,极端最低气温接近 −14℃,年平均地面温度 18℃,极端最高地面温度近 68℃,极端最低地面温度接近 −18℃;年降水量 1200 mm,年降水日数 130 天;年平均相对湿度 76%,年平均水汽压 16 hPa;年平均风速 4 m/s。

序号	全称	简称	编号
15	盐城—淮安高速公路	盐淮高速	S18

气候概况

S18 盐淮高速,起于盐城步凤枢纽,止于淮安楚州枢纽,全长 104 km,均在江苏境内,从地理区划上看,属于苏北地区,呈现苏北气候特征。年平均气温 14.0~14.5℃,极端最高气温接近 40℃左右,极端最低气温接近 −20℃,年平均地面温度 16~17℃,极端最高地面温度接近 72℃,极端最低地面温度接近 −22℃;年降水量 900~1000 mm,年降水日数 90~100 天;年平均相对湿度 72%~76%,年平均水汽压 14~15 hPa;年平均风速 3~4 m/s。

序号	全称	简称	编号
16	启东—扬州高速公路	启扬高速	S28

气候概况

S28 启扬高速公路,起于南通启东汉河枢纽,与 G15 沈海高速相接于海安枢纽,止于扬州雪岸枢纽,途径南通、泰州、扬州三市,全程在江苏境内。年平均气温 15~15.5℃,极端最高气温接近 40℃左右,极端最低气温接近 −17℃,年平均地面温度 16~17℃,极端最高地面温度接近 72℃,极端最低地面温度接近 −22℃;年降水量 1000~1100 mm,年降水日数 110~120 天;年平均相对湿度 76%~80%,年平均水汽压 15~16 hPa;年平均风速 4 m/s。

序号	全称	简称	编号
17	盐城—靖江高速公路	盐靖高速	S29

气候概况

S29 盐靖高速起于盐城特庸枢纽,止于泰州靖江广陵枢纽,连接盐城、泰州两市,全长 153 km,处于苏中地区,年平均气温 14.0~15.0℃,极端最高气温接近 40℃左右,极端最低气温接近 −20℃,年平均地面温度 16~17℃,极端最高地面温度接近 72℃,极端最低地面温度接近 −22℃;年降水量 1000 mm,年降水日数 100~110 天;年平均相对湿度 76%~80%,年平均水汽压 15~16 hPa;年平均风速 3~4 m/s。

序号	全称	简称	编号
18	江都—宜兴高速公路	江宜高速	S39

气候概况

S29 江宜高速起于扬州江都,止于无锡宜兴,途径扬州、镇江、常州、无锡四市,全程在江苏省内,是江苏高速路网重要的连接线,气候特征与苏南地区一致。年平均气温 15.0~15.5℃,极端最高气温接近 40℃左右,极端最低气温接近 −17℃,年平均地面温度 17~18℃,极端最高地面温度接近 72℃,极端最低地面温度接近 −22℃;年降水量 1000~1100 mm,年降水日数 110~120 天;年平均相对湿度 76%~80%,年平均水汽压 15~16 hPa;年平均风速 3~4 m/s。

续表

序号	全称	简称	编号
	新沂—扬州高速公路	新扬高速	S49
19	气候概况		
	S49 新扬高速,起于徐州新沂,止于扬州北部,在江苏省内经徐州、宿迁、淮安、扬州四市及安徽省天长市,是苏北苏中的重要连接线,目前尚未完全建成(安徽天长到扬州待建),气候区域跨度较大。年平均气温 14.0～15.5℃,极端最高气温接近 41℃左右,极端最低气温低于−23℃,年平均地面温度 16～17℃,极端最高地面温度接近 72℃,极端最低地面温度接近−26℃;年降水量 900～1100 mm,年降水日数 90～110 天;年平均相对湿度 72%～80%,年平均水汽压 14～16 hPa;年平均风速 3～4 m/s。		
	南京—宣城高速公路	宁宣高速	S55
20	气候概况		
	S55 宁宣高速,由江苏南京通往安徽宣城,在江苏境内起于江苏南京花神庙互通,止于南京南部苏皖省界,均在长江以南地区,气候状况较为单一。年平均气温 15℃左右,极端最高气温接近 41℃,极端最低气温接近−17℃,年平均地面温度 17℃左右,极端最高地面温度 76℃左右,极端最低地面温度接近−22℃;年降水量 1000 mm,年降水日数 100 天;年平均相对湿度 76%,年平均水汽压 15 hPa 左右;年平均风速 3 m/s 左右。		
	济南—徐州高速公路	济徐高速	S69
21	气候概况		
	S69 济徐高速,是山东济南与江苏徐州的连接线,在江苏境内起于徐州北部苏鲁省界,止于徐州刘集枢纽,是江苏最北的高速公路,年平均气温 14.0℃,极端最高气温接近 41℃左右,极端最低气温接近−26℃,年平均地面温度 16～17℃,极端最高地面温度接近 68℃,极端最低地面温度接近−26℃;年降水量 700～800 mm,年降水日数不足 90 天;年平均相对湿度 72%,年平均水汽压 14 hPa;年平均风速 3 m/s。		

第 2 章　江苏高速公路气象灾害简述

　　江苏是典型的交通支撑型、交通促进型、交通依赖型和交通引领型的经济大省，近年来，高速公路更是迅猛发展，里程不断延伸，目前高速公路通达程度和路网密度都居全国之首。由于高速公路车辆速度快、承载量大，对交通构成灾害威胁或造成灾害的恶劣气象条件一旦出现，往往会造成严重的后果，引发和导致交通事故，带来较大的经济损失，甚至人员伤亡。交通的安全和畅通与我们每个人都息息相关，因此，了解与认识交通气象灾害的特点、规律、可能造成的危害以及为提高交通安全畅通保障水平而开展的交通气象工作，对于提高人们灾害安全意识，增强交通气象灾害应变防范能力都是必要和有益的。

2.1　江苏高速公路主要气象灾害及分布情况

　　由于江苏地处中纬度的海陆相过渡带和气候过渡带，并受西风带、副热带和低纬东风带天气系统的影响，气象灾害频发，种类多、影响面广，主要的气象灾害有暴雨、洪涝、干旱、台风、强对流（包括大风、冰雹、短时强降雨、龙卷等）、雷电、寒潮、雪灾、高温、大雾、连阴雨等。其中对交通行业特别是现代高速公路影响较大的气象灾害主要有强降水、浓雾、高温、低温、大风、积雪、冰冻、雷暴等。

　　影响江苏高速公路的气象灾害四季均有发生：例如春季主要有雾、大风，初夏有暴雨、强对流，盛夏有高温、大风、雷暴、短时强降雨，秋季有雾、台风，冬季有低温冰冻、积雪、大风等。并且由于江苏经济发达，人口稠密，交通繁忙，高速路网密布，不少高速公路分布着不止一种气象灾害。详细情况见表 2.1。

表 2.1　江苏各高速公路主要气象灾害分布情况

序号	全称	简称	编号
	北京—上海高速公路	京沪高速	G2
	主要气象灾害		
1	G2 京沪高速从北到南纵贯江苏，区域跨度较大，气象灾害种类也较多。主要有暴雨、雷暴、大雾、高温、低温冰冻、积雪等。其中每年≥100 mm 的大暴雨日为 10～39 天，苏北最多，苏中苏南地区较少；年雷暴日为 25～35 天，苏中路段最多，其他地方略少；年雾日为 14～64 天，苏中路段最多，苏北次之，苏南最少；气温≥35℃的高温日为 4～12 天，从北到南逐渐增多，气温≤0℃的低温日为 30～80 天，结冰日为 27～80 天，年降雪为 10～12 天，积雪日为 4～8 天，从南向北逐渐增多。		
	北京—台北高速公路	京台高速	G3
	主要气象灾害		
2	G3 京台高速在江苏境内较短，整个路段均在徐州市境内，主要气象灾害暴雨、高温、低温冰冻、积雪等。其中每年≥100 mm 的大暴雨日为 20～29 天，年≤0℃的低温日为 80 天左右，年结冰日为 80～93 天，年气温≥35℃的高温日为 12～16 天，积雪日为≥10 天。		
	沈阳—海口高速公路	沈海高速	G15
	主要气象灾害		
3	G15 沈海高速也是一条从北到南纵贯江苏的主干线，区域跨度较大，灾害种类较多，主要有暴雨、雷暴、大风、冰雹、大雾、高温、低温冰冻、积雪等。其中每年≥100 mm 的大暴雨日为 10～41 天，苏北最多，苏中、苏南地区较少；年雷暴日为 25～35 天，苏中路段区域最多，其他地方略少；年大风日为 14～18 天，年冰雹日为 0.6 天（主要在苏北连云港地区），年雾日为 14～64 天，苏中路段最多，苏北次之，苏南最少；气温≥35℃的高温日为 4～12 天，从北到南逐渐增多，气温≤0℃的低温日为 30～80 天，结冰日为 27～93 天，年降雪为 10～12 天，积雪日为 4～6 天，从南向北逐渐增多。		
	常熟—台州高速公路	常台高速	G15W
	气候概况		
4	G15W 常台高速在江苏境内较短，均在苏州地区，区域跨度较小，气象灾害也较少，主要有雷暴、大风、大雾、高温等。其中年雷暴日为 25～30 天，年大风日为 10～14 天，年雾日为 20～40 天，气温≥35℃的高温日为 8－12 天。		
	长春—深圳高速公路	长深高速	G25
	气候概况		
5	G25 长深高速从北到南贯穿江苏全省，区域跨越很大，因此气象灾害也比较多，主要有暴雨、雷暴、大风、冰雹、大雾、高温、低温冰冻、积雪等。其中每年≥100 mm 的大暴雨日为 20～41 天，从北向南依次减少；年雷暴日为 25～35 天，苏中路段区域最多，其他地方略少；年大风日为 1～14 天，年冰雹日为 0.6 天（主要在苏北连云港地区），年雾日为 20～40 天，气温≥35℃的高温日为 4～12 天，从北到南逐渐增多，气温≤0℃的低温日为 50～80 天，结冰日为 40～90 天，年降雪为 10～12 天，积雪日为 4～8 天，从南向北逐渐增多。		

序号	全称	简称	编号
	南京市绕城高速公路	南京绕城高速	G2501
6	气候概况		
	G2501 为南京绕城高速公路,是南京市市区外环道路,均在南京范围之内,区域跨度较小,气象灾害主要有暴雨、雷暴、高温、低温冰冻、积雪等。其中每年≥100 mm 的大暴雨日为 20～29 天,年雷暴日为 25～30 天,气温≥35℃的高温日为 8～12 天,气温≤0℃的低温日为 50～60 天,结冰日为 40～60 天。		
	淮安—徐州高速公路	淮徐高速	G2513
7	气候概况		
	G2513 简称淮徐高速,自淮安经宿迁至徐州,全线均位于江苏苏北区域,主要气象灾害有暴雨、雷暴、冰雹、大雾、低温冰冻、积雪等。其中每年≥100 mm 的大暴雨日为 20～39 天,年雷暴日为 25～35 天,年冰雹日为 0.5 天(主要在淮安地区),年雾日为 20～40 天,主要在宿迁至淮安路段;气温≤0℃的低温日为 60～80 天,结冰日为 40～90 天,年降雪日为 10～12 天,积雪日为 8～10 天。		
	连云港—霍尔果斯高速公路	连霍高速	G30
8	气候概况		
	G30 连霍高速,在江苏境内起于连云港渔湾,止于徐州铜山苏皖省界,经连云港、徐州两市,长度 238 km,均在苏北区域。主要气象灾害有暴雨、雷暴、冰雹、大雾、低温冰冻、积雪等。其中每年≥100 mm 的大暴雨日为 20～39 天,年雷暴日为 25～30 天,年冰雹日为 0.6 天(主要在连云港地区),年雾日为 20～50 天,气温≤0℃的低温日数 80 天以上,结冰日为 60～90 天,是江苏境内最容易结冰的高速公路之一;年降雪日为 8～12 天,积雪日为 4～10 天。		
	南京—洛阳高速公路	宁洛高速	G36
9	气候概况		
	G36 宁洛高速是连接南京市和洛阳市的高速公路,在江苏境内较短,均在南京市内,气象灾害主要有暴雨、雷暴、高温、低温冰冻、积雪(六合资料)等。其中每年≥100 mm 的大暴雨日为 20～29 天,年雷暴日为 25～30 天,气温≥35℃的高温日为 8～12 天,气温≤0℃的低温日为 50～60 天,结冰日为 40～60 天。		
	上海—西安高速公路	沪陕高速	G40
10	气候概况		
	G40 沪陕高速,在江苏境内起于南通,止于南京,经南通、泰州、扬州、南京四市,自东向西横穿江苏,气象灾害种类较多,主要有暴雨、雷暴、大雾、高温、低温冰冻、积雪等。其中每年≥100 mm 的大暴雨日为 20～29 天,年雷暴日为 25～35 天,是江苏境内雷暴易发的高速之一,年雾日为 30～70 天,是江苏境内大雾最集中的高速公路;气温≥35℃的高温日为 8～12 天,气温≤0℃的低温日为 40～60 天,结冰日为 30～40 天,年降雪日为 8～12 天,积雪日为 4～8 天。		

序号	全称	简称	编号
11	扬州—溧阳高速公路	扬溧高速	G4011

气候概况

G4011扬溧高速起自扬州,跨长江而行,途径镇江,止于常州,全线均位于江苏境内。气象灾害主要有暴雨、雷暴、大雾、高温、低温冰冻、积雪等。其中每年≥100 mm的大暴雨日为20~29天,年雷暴日为25~35天,年雾日为30~50天,气温≥35℃的高温日为8~12天,气温≤0℃的低温日为30~50天,结冰日为30~40天,年降雪日为10~12天,积雪日为6~8天。

12	上海—成都高速公路	沪蓉高速	G42

气候概况

G42沪蓉高速,在江苏境内起于苏州,止于南京,自东向西途径苏州、无锡、常州、镇江和南京五个市,气象灾害主要有暴雨、雷暴、大雾、高温、低温冰冻、积雪等。其中每年≥100 mm的大暴雨日为10~30天,年雷暴日为25~35天,年雾日为30~50天,气温≥35℃的高温日为4~12天,气温≤0℃的低温日为30~60天,结冰日为20~40天。

13	南京—芜湖高速公路	宁芜高速	G4211

气候概况

G4211在江苏境内只有27 km,均在南京地区。气象灾害主要有暴雨、雷暴、高温、低温冰冻等。其中每年≥100 mm的大暴雨日为20~29天,年雷暴日为25~30天,气温≥35℃的高温日为8~12天,气温≤0℃的低温日为50~60天,结冰日为40~60天。

14	上海—重庆高速公路	沪渝高速	G50

气候概况

G50沪渝高速在江苏境内的路段不长,只有50 km,均在苏州地区,起于苏沪省界,止于苏浙省界,气象灾害种类不多,主要有雷暴、暴雨、大雾和高温。其中年雷暴日为30~35天,年雾日为30~50天,气温≥35℃的高温日为8~12天。

15	盐城—淮安高速公路	盐淮高速	S18

气候概况

S18盐淮高速,连接盐城和淮安,全长104 km,均在江苏苏北地区,主要气象灾害有暴雨、雷暴、冰雹、大雾、低温冰冻、积雪等。其中每年≥100 mm的大暴雨日为20~39天,年雷暴日为25~30天,年冰雹日为0.3~0.5天,年雾日为30~40天,气温≥35℃的高温日为4~8天,气温≤0℃的低温日为30~60天,结冰日为30~60天,年降雪日为8~12天,积雪日为4~8天。

16	启东—扬州高速公路	启扬高速	S28

气候概况

S28启扬高速公路,起于南通,止于扬州,途径南通、泰州、扬州三市,全程在江苏境内。主要气象灾害有暴雨、雷暴、冰雹、大雾、高温、低温冰冻、积雪等。其中每年≥100 mm的大暴雨日为20~30天,年雷暴日为30~35天,年冰雹日为0.4~0.5天,年雾日为40~70天,气温≤0℃的低温日为60~80天,结冰日为40~60天,年降雪日为10~12天,积雪日为6~10天。

序号	全称	简称	编号
	盐城—靖江高速公路	盐靖高速	S29
	气候概况		
17	S29 盐靖高速连接盐城、泰州两市,全长 153 km,处于苏中地区,主要气象灾害有暴雨、雷暴、冰雹、大雾、高温、低温冰冻、积雪等。其中每年≥100 mm 的大暴雨日为 20～40 天,年雷暴日为 25～35 天,年冰雹日为 0.4～0.5 天,年雾日为 30～64 天,气温≤0℃的低温日为50～60 天,结冰日为 30～60 天,年降雪日为 8～10 天,积雪日为 4～6 天。		
	江都—宜兴高速公路	江宜高速	S39
	气候概况		
18	S29 江宜高速起于扬州江都,止于无锡宜兴,途径扬州、镇江、常州、无锡四市,全程在江苏省内,主要气象灾害有暴雨、雷暴、大雾、高温、积雪等。其中每年≥100 mm 的大暴雨日为20～29 天,年雷暴日为 20～35 天,年雾日为 30～50 天,气温≥35℃的高温日为 8～12 天,年降雪日为 8～12 天,积雪日为 6～8 天。		
	新沂—扬州高速公路	新扬高速	S49
	气候概况		
19	S49 新扬高速,起于徐州新沂,止于扬州北部,在江苏省内经徐州、宿迁、淮安、扬州四市及安徽省天长市,是苏北、苏中的重要连接线,主要气象灾害有暴雨、雷暴、大雾、高温、低温冰冻、积雪等。其中每年≥100 mm 的大暴雨日为 20～39 天,年雷暴日为 25～30 天,年雾日为 30～50 天,气温≥35℃的高温日为 4～8 天,气温≤0℃的低温日为 60～80 天,结冰日为40～80 天,年降雪日为 10～12 天,积雪日为 6～10 天。		
	南京—宣城高速公路	宁宣高速	S55
	气候概况		
20	S55 宁宣高速,在江苏境内较短,均在南京市内,气象灾害主要有暴雨、雷暴、高温、低温冰冻等。其中每年≥100 mm 的大暴雨日为 20～29 天,年雷暴日为 25～30 天,气温≥35℃的高温日为 8～12 天,气温≤0℃的低温日为 50～60 天,结冰日为 40～60 天。		
	济南—徐州高速公路	济徐高速	S69
	气候概况		
21	S69 济徐高速,是江苏最北的高速公路,江苏段均在徐州地区,主要气象灾害有大雾、低温冰冻、积雪等。年雾日为 30～50 天,其中每年气温≤0℃的低温日为 80 天以上,结冰日为60～93 天,年降雪日为 10～12 天,积雪日数超过 8 天。		

2.2　不同气象灾害对高速公路行驶安全的影响

自古以来,"出门看天,择日而行"是人们趋利避害的常识,在现代交通条件下,避开恶劣天气出行仍然是减少甚至避免隐患的最有效途径。但是人们出行与否,往往不会以天气条件而定,因此途中就有可能遭遇到灾害性天气。了解气象灾害对高速公路行驶安全的影响,有助于减少减轻乃至规避不利气象条件带来的影响与危害。

2.2.1 雾对交通的影响

雾是影响高速公路安全的又一重要交通气象灾害,也是高速公路封路的主要天气因素,更是高速公路上造成车辆毁损、人员伤亡、交通瘫痪的主要"杀手"。因突发性浓雾或团雾造成的重大交通事故,媒体屡有报道,已为社会公众熟知。

浓雾使能见度降低,驾乘人员产生严重的视程障碍,这是浓雾造成交通安全危害最基本的原因。浓雾造成的交通事故如此之多、危害如此之严重与浓雾的突发性、分布的局地性(团雾)相关,还与驾驶员的心理和生理反应、所经地域的自然环境条件及浓雾发生的时间等诸多的主客观因素有关。

(1)浓雾的突发性。浓雾是趋近饱和态的水汽突然凝结为雾滴的结果。从我们在沪宁高速公路布设的能见度监测仪监测的浓雾生消演变过程可以看出,浓雾造成的能见度下降有时是一个陡降和剧降的过程,能见度从千米以上降至 200 m 以下只有几分钟的时间,司驾人员感觉犹如突然从明亮的地方进人黑暗区域,不仅缺少思想和操作上的准备,还会有"人在雾中迷"的感受,产生烦躁、惧怕出事故的恐惧心理,往往容易出现应对错误或反应滞后。在浓雾突发时,事故发生与否不完全取决于驾车者本人的谨慎程度和技术高低,即使能避免撞到前面的车辆,也还有被后面车辆追尾相撞的可能,惧怕心理的产生干扰了司机的处置能力。

在追尾事故发生的开始,由于前车还在行驶,后车的制动距离较长,碰撞的严重程度相对不是很大。当事故发生后,相撞车辆已为静止物,后面尾随而来的车辆不但更容易相撞,而且相撞时速度差比初次事故时的速度差大,后果更严重。这就是在浓雾天气条件下,一旦高速公路上发生交通事故,一般都比较严重的原因。

(2)充分认识在局地各种要素变化的作用下,浓雾的生消具有明显的局部性。如由于地形地貌、下垫面植被茂密程度及种植作物(如水稻与旱作物)的差异、水域面积和水网密度不同,会造成不同路段雾的生消和浓度可视距离相差较大,驾驶员很难及时调整车速及间距而发生追尾事故。高速公路局部路段出现突发性浓雾,危险性远远大于大范围降雾。雾被抬升离地、随风飘动而形成的团雾,使能见度变化急剧、频繁,更加容易引发严重事故。

(3)生理和心理因素。由于生理条件的限制,驾驶员很难及时精确地感知或估计浓雾的严重程度,带来判断和操作失误。在期望能见度好一些的心理驱动下,驾驶员往往对能见度的估值偏高。在浓雾情况下,可视距离会远远小于绝对安全距离。即使在正常天气条件下,后车与前车的间距也不是绝对的安全间距,而是相对的安全间距。有相当一部分驾驶员在高速公路行驶的大部分时间里,认为前车不会紧急制动,没有必要与前车保持较大的车间距,如果前车紧急制动或制动减速大于一定值时,很可能发生追尾相撞。车在雾中行驶,司机往往不会把目光从道路上移开,依赖自己对速度的感觉误判车速而造成交通事故。浓雾大多出现在下半夜到清晨,部分驾驶员处于疲劳、困倦状态,反应能力下降;驾乘人员有急着赶路以求能早点到达目的地休息的焦急心理,也是浓雾天气条件下事故多发的潜在因素。

(4)路面湿滑。浓雾天气水汽丰富,路面是一个辐射面,降温是从辐射面开始的,晴朗的夜间路面温度比空气温度低,因而路面也会有凝结现象,使摩擦系数降低,若伴有毛毛雨飘落或是雨、雾并存,路面湿滑更加明显,影响制动效果,这一点类似于降水影响路面摩擦系数的情形。

(5)多种因素共同作用。上述 4 种因素不具排他性,即在浓雾天气条件下,各种不利因素都在起着不同程度的作用,从而会加剧引发事故,甚至一条路上多处发生重大交通事故。

2.2.2　温度对交通的影响

气温对高速公路的影响主要表现在高温和低温以及与冰冻等有关的温度临界值及其升降的变率。高温、寒冷天气具有范围广和不可抗拒的特点,并具有明显的季节性。温度除对交通的安全运营有直接的影响外,低温严寒常与降雪、积雪、道路结冰相伴,极易引发交通事故。而在高温时容易引发爆胎,车辆自燃以及易燃物品的燃烧甚至爆炸,直接威胁驾乘人员的安全。因此,高温和低温也是主要的交通气象灾害之一。

2.2.2.1　高温

高速公路一般是裸露的沥青或水泥路面,在白天易受太阳辐射而变热,夜间则是有利于地面辐射而降温,因而公路路面温度的变化幅度要比气温大得多。我们引用南京气象台 1905 年以来的气温和地温(土表)记录作对比,该站极端最高气温43.0℃,极端最高地温 71.3℃,两者相差 28.3℃。由此可以建立这样一个概念:在南京夏季晴天的中午前后,沥青路面的温度比空气温度高近 30℃左右。我们在沪宁高速公路的仙人山、梅村设立路面(沥青)温度监测点获取间隔一分钟的实时监测温度资料,所得结果与上述结果相近。当然,具体到某时某地的实际温差与太阳高度角(与纬度、季节和一日中的时间有关)、天气的晴雨、云层的厚薄及云量多少、路面干湿程度、风速大小等因素有关。

高温时沥青软化,导致承载能力降低,在行车负荷作用下路面出现车辙、拥包等变形,影响路面的寿命和行车的舒适性;高温时段长时间行驶易发生爆胎,因电路油路老化而造成汽车"自燃";没有空调设备且通风条件差的车辆,车内舒适度明显降低,高温易引起司机疲劳,造成交通事故。贺芳芳等(2004)指出,上海地区最高气温>35℃的日均交通事故指数为 4.51,略高于夏季日均交通事故指数。虽然 35℃以上高温酷暑会出现汽车轮胎爆胎、驾驶员中暑等易引起交通事故的因素,但高温时段外出车辆和人员减少,交通流量降低,事故发生率不是很高。另外夏季日最高气温在28－35℃且相对湿度＞85％的闷热天气条件下,驾驶员容易体力不支、头脑不清醒,若此时高速驾驶、盲目超车,易引发交通事故;同时交通流量比高温酷暑天气大,因此日均交通事故指数反而比高温酷暑天气还高,最高为4.78,比最高气温＞35℃的日均交通事故指数高0.27。

2.2.2.2 低温

低温同样造成路面温度的变化幅度较大。我们依旧引用南京气象台1905年以来的气温和地温(土表)记录作对比,该站极端最低气温－14.0℃,极端最低地温－19.6℃,两者相差5.6℃。由此可见,在冬季晴朗的夜间,沥青路面温度比空气温度低5℃左右。

低温时沥青混凝土路面抗变形能力降低,当路面收缩时收缩应力大于路面的抗拉应力,使路面产生各类裂缝类病害,影响公路使用寿命。低温会使汽车燃油发黏难以点燃,润滑剂不易渗透到各个部位,使汽车的机械性能变差、故障增多,影响车辆的正常行驶。寒冷低温季节路基中的水分结冰,到回暖季节冻土融化,路基承受力下降。气温骤变时,由于路面收缩变形时间短易造成路面裂缝;早晚温差较大时,路面在冷暖交替中出现温度疲劳裂缝。冬季强冷空气袭击时气温骤变,影响驾驶员的反应灵敏度,据贺芳芳等(2004)统计,当日最低气温比上一天下降4℃以上时,交通事故指数明显上升。

2.2.2.3 气温对高速公路设计和施工的影响

刘红亚等(2001)提供的资料表明,高等级道路施工分成挖方路基施工、路面基层施工和路面施工三个阶段,不同道路种类和不同施工阶段对气象条件有不同的要求,其中温度是一个相当重要的环境条件。

(1)挖方路基施工阶段。在反复冻融地区,昼夜平均温度在－3℃以下且持续10天以上时不能施工。昼夜平均温度高于－3℃,但冻土尚未完全融化时也不能施工。雨季施工时要做到排水通畅。

(2)公路路面基层施工阶段。水泥稳定土适用于道路的基层或底层,施工时的最低温度应在5℃以上,降雨时停止施工。石灰稳定土使用于底基层,施工时的最低温度应在5℃以上,降雨时应立即停止施工。

(3)公路路面施工阶段。沥青路面施工时,沥青表面处置施工和灌入式路面施工应在干燥和较热的季节进行,并在雨季及日最高气温低于15℃的半个月以前结束。乳化沥青混合料路面必须在冰冻前完工。热拌沥青碎石混合料路面施工时,气温应高于10℃。浇洒透层沥青时,气温应在10℃以上,如遇大风应停工;气温低于10℃或地面潮湿时不得浇洒沥青;封层时气温应在10℃以上,不得有大风天气。以上施工项目遇降水时应立即停工,气温高于35℃时沥青不易压平,也不宜铺设。而水泥路面施工时,当气温连续低于 5℃时,出现霜冻、结冰等现象都会影响混凝土的凝固;高温虽然对混凝土路面施工有利,但必须加强浇水养护,否则混凝土与模板黏连,产生拉裂或变形断裂。降水无论大小均会对混凝土浇筑产生影响,铺设后 12 小时内出现中雨以上降雨,会严重影响路面质量。

2.2.3　降雨对交通的影响

(1)雨水使路面湿滑,导致车辆侧滑或失控

降雨天气是影响交通最频繁的气象因素。雨水使路面湿滑,导致车辆易侧滑和控制失灵。有研究指出,降雨和潮湿路面引起道路偶发事故增加,而且微量降雨对交通的影响并不比雨量明显的时候低。这主要是因为在路面有浮土的情况下,微量降水和浮土混合,使路面盖上一层湿土,此时路面的摩擦系数很小,是降水初期交通事故偏多的主要原因。降水(降雨和降雪)是使路面状况及摩擦性能发生明显变化的最主要的自然因素,受雨雪等天气影响,路面覆水、雪、冰使摩擦系数减少。谢静芳等(2006)采用国际上通用的方法,使用英国 80B190 摆式抗滑性能仪,对不同天气条件和路面状况下的路面摩擦系数分别进行实验室测试和路面实测,得到了干燥、潮湿、积水和结冰等 4 种路面摩擦系数的统计结果(表 2.2)。

表 2.2　不同路面状况的摩擦系数测试统计

项目	干燥(0℃以上)	潮湿	积水	干燥(0℃以下)	结冰
平均值	0.91	0.67	0.67	0.65	0.32
最大值	0.96	0.72	0.72	0.76	0.40
最小值	0.82	0.62	0.62	0.55	0.18

表 2.2 表明,上述 4 种路面的实际摩擦系数存在很大的差别:干燥路面在 0℃以上时,摩擦系数最大,其平均值为 0.91;其次为潮湿和积水路面,平均摩擦系数为 0.67;干燥路面在℃以下时摩擦系数平均值略小于潮湿路面,结冰路面的摩擦系数最小,平均值仅为 0.32,已经低于车辆安全行驶临界值。

(2)强降雨使能见度下降,容易引发交通事故

强度大的降雨可导致能见度陡降,是影响和危害行车的重要因素,特别是高速行驶的情况下,极易引发交通事故,造成财产损失甚至人员伤亡。降雨强度在时间和空间上的分布是不均匀的。降雨雨强在时空上骤变的同时能见度也随之发生骤变,前方能见度的骤变影响了驾乘人员的距离判断,车辆间明显的车速差异增加了事故发生的概率。强降雨出现时还因为以下一些因素影响能见距离:强降雨天气刮雨器常常不能及时刮尽挡风玻璃上的雨水;强降雨发生时往往伴随气温骤降,内外温差大,挡风玻璃内侧会有水汽凝结;邻车道上溅起的水幕等。这些因素及其综合作用,使司机对能见距离的实际感受更低、视线更加模糊。此外,在雨、雾并存的天气条件下,虽然雨强不大,但能见

度常在 500 m 以下,小于 200 m 的低能见度也常常会出现,只是在雨、雾并存时天气比较稳定,能见度较少出现突发性波动,对行车存在的影响相对而言危害较小。

值得指出的是,即使总雨量(24 小时累计雨量)是暴雨,但如果 1 小时或 1 分钟的雨强达不到一定的量级,则不一定会造成能见度的陡降;而有时总降雨量只是中雨或大雨级别,但它集中在短时间内,则很有可能造成低能见度,需要引起警惕。

(3)降雨损坏基础设施,影响交通安全

高强度的降水容易形成积水,会淹没路基、路面、涵洞;如果形成洪水,则极易引发泥石流或山体滑坡,造成交通中断。如果长时间降雨,雨水一方面会浸入道路的路肩和边坡,并通过毛细润湿作用向路基扩张;另一方面会通过路面结构间隙渗入并润湿路面结构的土基部分,或是沿着不透水的路面边缘、接缝或裂缝等浸入路基。与此同时,路基内的水分通过蒸发从路基内散发进入大气。由于路基内各个部位之间存在温度差异,水分以液态或气态形式移动,引起路基湿度变化,进而影响路基和路面的结构强度、刚度以及稳定性,给交通安全带来隐患。

除了强降水直接造成交通设施损坏外,一般降水与风共同作用可使斜拉桥的拉索发生强烈的振动,致使桥梁结构损坏。近 10 多年来,对此现象已有很多的报道,斜拉桥拉索的风雨激振也成为大跨度斜拉桥设计中最为关注的问题之一。1979 年在法国布若敦尼(Brottonne)桥上首次观察到了明显的拉索振荡。1995 年,在荷兰伊拉斯莫斯(Erasmus)桥上观测到拉索在风雨天气下发生最大振幅达 70 cm 的振动,同时桥面也发生振幅为 2.5 cm 的振动。在国内,1997 年上海杨浦大桥发生拉索大幅风雨激振,并在2000 年再次发生,造成部分拉索锚具的破坏。2001 年,南京长江第二大桥通车前,斜拉索发生大幅风雨激振,造成部分安装在梁端的油阻尼器损坏。同年,在 8 级大风和中等降雨条件下,湖南洞庭湖大桥拉索发生了严重的风雨激振,拉索的最大振幅超过40 cm,拉索振动激起了桥面振动,拉索还不断撞击桥面上的钢护筒。类似的报道在国内还有许多。斜拉桥拉索的风雨激振严重影响到桥梁的安全运营,引起拉索端接头部分出现疲劳现象,在索锚结合处产生裂纹,破坏拉索的防腐系统,严重的还会引起拉索的失效。高速公路路网密布,经过不少河流水道,拉索桥不在少数,必须引起重视。

(4)降雨对高速公路的其他影响

降雨使部分路面有积水或干湿不一,路面摩擦系数不均,车辆制动性能变化较大。路面积水在灯光的照射下产生炫目的反光,夜间行车易引起司机视觉疲劳、注意力不集中而产生危险。中雨以上量级的降雨会使路面出现积水,交通事故明显上升。路面排水不畅或地势低注,相关路段容易出现较深积水,造成车辆进水、发动机熄火,严重影响车辆行驶,甚至使局部交通陷于瘫痪。如沪宁高速公路马群段的弯道和坡度较大的地段,多次因路面积水导致车辆方向失控、制动不灵引发事故,甚至同一路段一日数次。强降雨还能导致洪涝灾害、泥石流、滑坡、崩塌等自然灾害,给驾乘人员的生命财产安全带来巨大的威胁。

另外,连续降水易使驾乘人员情绪波动、烦躁,应变能力下降,诱发交通事故发生。连阴雨及大降水会延误交通基础设施的建设进度,影响工程质量。此外,酸雨对交通设施(特别是金属构件)的腐蚀破坏作用,降低了其使用安全和正常使用周期,其影响可由累积性引起,也可以由短期酸性高峰引起。在酸雨严重的地区和酸雨频发的季节应该注意检查和维护。

2.2.4　降雪与冰冻对交通的影响

降雪是我国冬半年常见的天气现象,一般说来,冬季降雪和积雪对农业生产是有利的,故有"瑞雪兆丰年"之说,但是对交通的影响和危害却很明显。降雪、积雪、冰冻不仅造成低能见度、道路摩擦系数减小,形成严重的道路堵塞,直接危害交通的安全畅通。同时,大雪、暴雪往往与大风和大幅降温相伴发生,在强风与低摩擦系数共同作用下,使汽车的方向、速度更易失控。吹雪现象使能见度减小,风速 >5 m/s 时可形成大小不同的雪堆,风速 >15 m/s 时,半小时即可有 40 cm 的雪层。若形成雪阻,往往不能很快排除,被困人员的饮食、保暖又成了新的问题。与积雪相关的还有雪崩,给交通带来的危害则更大。除对公路交通形成影响外,降雪、积雪、冰冻也直接对铁路、航空、水上交通形成严重影响。例如 2008 年初(1 月中、下旬)我国南方大部分地区发生了历史罕见的以"低温、雨雪、冰冻"为特征的灾害性天气,交通运输无论是公路、铁路、航空顿时陷于瘫痪。此次长时间的冰雪灾害正值春运高峰大量旅客返乡之际,其影响和危害之大,非常罕见。

降雪强度很大时会严重降低能见度,落在挡风玻璃上的雪是不透明的,对驾驶员视线的影响比降雨时更大,被刮雨器刮向两侧的雪使驾驶员的视野变窄,影响交通安全。而冰雪覆盖路面时,汽车实际上是在冰雪形成的介质层上行驶,摩擦系数很小,抗滑性能差,容易使车辆发生空转或打滑,从而发生危险。谢静芳等(2006)给出的试验统计结果很能说明问题(表 2.3)。

表 2.3　摩擦指数与抗滑性能、摩擦系数及路面状况的关系

摩擦指数	抗滑性能	实际摩擦系数	对应路面状况
0 级	良好	$\geqslant 0.65$	常温、干燥、无杂质
1 级	正常	$0.56\sim0.64$	潮湿、少量积水、低温
2 级	稍差	$0.51\sim0.55$	积水、低温
3 级	较差	$0.41\sim0.50$	积水、浮雪、霜
4 级	很差	$0.31\sim0.40$	积雪
5 级	极差	$\leqslant 0.30$	结冰

在分析冰雪天气对公路交通影响时,应考虑当时的具体情况:

(1)微量降雪天气对路面的影响低于其他降雪天气,但交通事故发生率却无明显差别,相反重大交通事故还略有增多,这可能与司机的重视程度不够有关。

（2）初冬，路面温度还在零度以上，受冷空气影响降雪，雪降至路面很快融化，雪融化时吸热加上气温继续下降，路面温度下降，由 0℃ 以上降至 0℃ 左右再降至 0℃ 以下，使路面状况经历着干燥—雪化水—雪水混合物—结冰—冰上积雪的过程。同一条公路上，降雪有早迟，自然环境条件有差异，不同路段的路面温度、路面状况及路面摩擦力也有明显的差异，司机若不及时感受这种差异就容易引发事故。

（3）积雪被压实后，路面摩擦系数类似冰面。

（4）路面积雪时，若白天在阳光照射下雪面融化，夜间路面温度降到 0℃ 以下，路面结冰，积雪"夜冻昼化"最容易发生交通事故。

（5）在雨夹雪或湿雪的天气里，路面较普通雨雪天气更滑。我国南方气温偏高，降雪持续的时间相对而言不是很长，雪也容易融化，"霜后暖，雪后寒"，雪止天气转晴后温度下降明显，易形成路面结冰。据贺芳芳等（2004）统计，上海雪止后次日的日均交通事故指数上升，比冬季日均交通事故指数高 0.36。

（6）气温接近 0℃ 时，使用融雪剂可使积雪融化；但在低温条件下使用融雪剂，对路面摩擦系数影响不大，其主要作用是可以避免路面积雪被车辆压实板结，便于清除。

降雪危害公路交通除了上述的降低能见度和使路面摩擦系数锐减外，路面积雪过程造成雪堵也是导致公路交通瘫痪的一个因素。此外，雪崩造成公路雪灾，不仅掩埋公路阻断交通，还可能摧毁道路、防撞钢梁和其他结构物。

路面结冰的成因有以下几种：雨后降温结冰、降雪经碾压成冰、积雪融化后结冰（日化夜冻）、冻雨等。此外，冰雹和冰粒在路面上形成冰水混合物，也会使路面摩擦系数接近于冰面；雨夹雪天气路面较普通雨雪天气更滑，需要特别重视。当路基有充足的水分，冰冻作用将使路面向上隆起，严重时可高出路面几十厘米严重影响路面结构的整体强度，甚至出现中断交通的严重后果。温度上升，冰冻的路基开始融化，融化过程是自上而下进行的，路基顶层土融化后的雨水雪水由裂缝渗入地面以下，夜冻日融，此时若有大量重载车辆通过，路面结构便会遭受破坏。在大气污染比较严重的地区，降雪和积雪所携带的酸性物质会较长时间作用在地表物体上，对交通设施产生危害。

2.2.5 风对高速公路的影响

风不仅对于航空、航海、水上运输有较大影响，对高速公路交通的影响也不可小觑。冬季大风与剧烈降温、暴雪相伴；春季大风引发沙尘暴和扬沙；夏季大风常伴有强降雨、雷电、冰雹甚至风暴潮，这些都会给交通安全带来隐患。风对高速公路交通的影响在春夏季的强对流天气中表现尤其突出。1974 年 6 月 17 日飑线过南京时，在 45 分钟内气压涌升 6.8 hPa，15 分钟气温下降 11℃，瞬间风速 38.8 m/s，是当地历史上罕见的大风。这次飑线历时 17—18 小时，途径鲁、苏、皖、浙、赣五省，跋涉 800～900 km，造成大范围的强风暴雨，有的地方还下了冰雹。而横风由于其风向的不稳定性和极大的瞬间风速，使其成为影响高速公路安全的重要气象灾害之一。主要表现为高速行驶的车辆遇到较强横风时,特别在"风口"路段,会使车辆偏离行车路线而诱发交通事故。

风除了对交通运营形成直接影响外,也对交通设施产生影响,有时还会造成较大的事故。当气流遇到交通设施阻碍时,就形成高压气幕,风速越大,对交通设施产生的压力越大,从而使交通设施(如桥梁)产生变形和振动。交通设施如果设计风参数采用不当,会产生过大变形,或者使结构局部破坏甚至整体破坏。有专家援引联合国的统计资料指出:"约半数以上的自然灾害与风有关"。

2.2.6　雷暴对交通的影响

雷暴大多数形成于积雨云。每块积雨云覆盖范围一般直径只有数千米,高度十余千米,单块积雨云的寿命一般只有一两小时。在活跃天气系统如低压槽等附近,积雨云可以连绵不断地产生,因而雷暴影响的范围较大、时间持久。在不稳定及潮湿的大气中,云层内的水滴及冰粒在对流活动中产生电荷。当电荷累积而形成的电场过大时,云与云之间或云与地之间就会出现放电现象(闪电),放电通道周围的空气会急剧膨胀因而产生隆隆雷声。雷暴发生时,大雨、闪电、雷鸣及狂风经常相伴而来。在某些有利环境里,雷暴可能伴有强劲的柱状涡旋,以漏斗云的形态出现,涡旋接触地面时叫陆龙卷,接触海面时叫水龙卷。涡旋中心附近的气压非常低,并且风力强大。龙卷风经过时,单薄的建筑物可能会抵受不住强大风力及室内室外的气压差而损毁,树木及汽车等会被卷起,尽管这种现象极为罕见。

雷暴对高速公路的影响不可忽视。随着社会的发展,现代通信、监控、计算机技术在高速公路上得到了广泛应用,公路两侧的加油站也越来越多,一旦遭到雷击,很容易造成沿路通信中断、机电设备受损甚至人员伤亡。高速公路两侧的广告牌在相对空旷的位置林立,并且高度突出,容易遭受雷击并将电流经供电线路引入配电房,此类事故已多次发生。此外,雷暴伴随的冰雹、大风、低能见度等将直接给驾乘人员带来威胁。

近年来,我国交通的变化和发展日新月异,高速公路迅猛发展,里程不断延伸,而且随着经济的快速发展、人民生活水平的提高,人流、物流迅速增长,汽车保有量不断增长,交通信息传输及交通管理也开始进入电子自动化时代。交通的快速发展,给人们的生活带来极大的便利,大大加快了经济社会的发展。而且交通还在不断加快着现代化建设步伐,这也使得现代交通对气象灾害更加敏感。同样程度的气象灾害,在当今给交通带来的影响会更大。二三十年前,人们很难听到数十辆汽车连续相撞的报道,也很难听到高速公路会造成严重的路堵。随着整个交通运输系统有效运送量的提高,恶劣天气以及与天气相关的路况对公路运输的经济和安全影响将增加,会使交通运输系统变得越来越紧张。从这个角度看,气象灾害对现代交通的影响是与日俱增的。可见交通气象工作任重道远,需要交通和气象部门的共同努力,也需要广大人民群众的认知和参与。可喜的是,气象科学与交通技术的极大进步,以及计算机与数字通讯的技术革命,为交通气象的发展提供了新的途径和技术,将会有效地降低气象灾害对交通的影响。

第3章　高速公路主要天气和车祸的关系及灾害性天气预警阈值和警示标识

近年来,随着高速公路物流、人流的井喷式增长,高速公路重特大交通事故呈现多发态势。特别是在雾、雨、雪等特殊天气气候条件下,使驾驶员视线变差、路面附着系数变小、车辆难以控制,在这样的条件下高速行车,稍有疏忽,就可能导致交通事故的发生。交通事故会直接影响高速公路的安全畅通、损害人民群众的生命财产,本手册第三章重点结合灾害性天气下沪宁高速的车祸案例,对天气因素与江苏高速公路事故之间的关系进行分析,并对特殊天气下事故防御措施进行粗浅的探讨。

3.1　高速公路交通事故特点分析

3.1.1　人员伤亡重,财产损失大

高速公路由于其通行量大、车速快、物流量大等特点,成为推动当今经济发展的巨大动力,但是一旦发生交通事故,其巨大的车流量极易形成几辆、几十辆甚至上百辆车连环追尾的情况,造成巨大财产损失和人员伤亡。

3.1.2　二次追尾事故发生率较高

在车流量大,行驶速度快的情况下,前车发生事故或因其他意外情况紧急制动时,后车往往因未保持安全间距,很难及时做出判断并采取有效措施进行躲避,在高速行驶中减速不及与前车发生碰撞,造成二次事故的发生。特别是在大雾、降雪的天气条件下,这种情况尤为常见。

3.1.3　事故形态比较单一,因果关系比较明显,多为追尾事故

我省高速公路多实行双幅双向行驶,不存在相向的交通冲突,几乎不存在正面和侧面相撞的交通事故,加上雨雪雾天气的能见度差,驾驶员精神多会集中在前方路况

上，一般情况下不会随意变更车道。因此主要是行驶过程中遇到紧急情况采取措施不及而撞击前方车辆尾部，所以事故形态比较单一，几乎都是尾随相撞的事故。

3.1.4　高速公路事故救援难度大、社会影响恶劣

高速公路的全封闭、单向行驶、无平面交叉路口的交通特点，决定了一旦高速公路某一路段发生严重交通事故影响通行时，由于后来车辆无法调头，往往会造成严重交通堵塞现象。而车辆及人员的大量滞留，又很容易造成应急车道被占据，救援车辆及人员无法及时赶到现场的情况，从而导致事故损失的进一步扩大。

3.2　高速公路交通事故主要原因分析

3.2.1　驾驶员思想麻痹、疲劳驾驶是造成事故的重要原因

驾驶员疲劳过度，再加上高速公路由于路况好，路面环境单调，驾驶员视野内的景物长时间不发生变化，造成视野变窄并产生睡意，随之就会产生反应迟钝、动作迟缓等危险信号，一旦遇有紧急情况，往往不能迅速做出正确判断并及时采取措施，从而导致事故的发生。有些驾驶员对"高速公路"有片面的理解，认为高速公路就必须"高速"，往往不顾车况和路况，盲目快速或超速行驶，由于车速太快，遇到紧急情况时，来不及采取措施或采取措施不当，也容易造成事故发生。

3.2.2　超限运输是造成交通事故的一个重要原因

众所周知，车辆严重超载必然会对制动系统产生不良影响，延长刹车距离，此外，车辆负荷过重很容易导致爆胎，存在较大安全隐患。

3.2.3　路面障碍物也是影响通行安全的重要因素

一些车辆因装载不规范造成抛洒滴漏情况，少数车辆会出现大件物品掉落甚至整车货物倾倒的情况。另外，一些狗、羊等家畜穿行高速公路的情况也时有发生，造成极大安全隐患。后方车辆突然发现前面的障碍物，为了避让，往往本能地急转弯，在高速行驶的情况下，急转弯很容易导致方向失控，从而发生事故。

3.2.4　行人和自行车违反高速公路交通管理法规上路，造成交通事故时有发生

高速公路沿线村庄的少数村民私自翻越甚至打开高速公路两侧的隔离栅，随意

横穿高速公路,个别群众为图一时方便,少绕一点路,在高速公路上骑自行车,构成了极大安全隐患。

3.2.5　灾害性天气是导致高速公路交通事故最直接的诱因之一

灾害性天气主要指冰、雪、雨、雾、强风等气候。其中尤以大雾和冰雪影响最为严重。大雾导致路面能见度极低,而因暴风雪造成路面结冰,都是事故发生的重要诱因,这两种气候条件下,往往会导致多车连环追尾的重特大恶性事故。

3.3　主要灾害性天气下的高速公路交通事故分析及灾害性天气预警阈值和警示标识

灾害性天气作为导致交通事故最直接的诱因之一,是制约高速公路安全行驶的不可避免的自然现象。手册以沪宁高速公路为主要研究对象,针对灾害性天气下的交通事故案例,进行统计分析,探索天气和交通事故二者之间的关系,构建灾害性天气下的高速公路安全运行机制,制定相关的行车控制标准。并将成果应用于灾害性天气下江苏省高速公路的安全运行管理与控制中。

3.3.1　雾

3.3.1.1　雾对交通的影响

雾能影响能见度,对交通影响很大。什么是雾呢? 雾是指在接近地表的大气中悬浮的由小水滴或冰晶组成的水汽凝结物,是一种常见的天气现象。根据国际上的定义,雾中的能见度要小于 1 km。能见距离小于 1000 m 大于 500 m 时称为轻雾;能见距离不足 500 m 时称为大雾;能见距离不足 200 m 时称为浓雾。内陆地区发生的雾以辐射雾为主,多发生在 11 月至第二年的 3 月份的秋冬季节,山区、盆地空气不易流通,在春、秋季节雨天过后也时常有雾产生,例如在江苏省春、秋及梅雨季时,当锋面到达前的高压回流影响下,就常会有大范围而且持续久的浓雾出现。另外,沿途河、湖、水库和池塘较多的高速公路路段,也常有雾气产生。雾是交通运输的大敌,对行车安全构成很大的威胁,人们称雾是高速公路行车的"无情杀手",雾使能见度降低、驾驶员视距变短,妨碍驾驶员视觉;浓雾还易使驾驶员产生错觉;还因空气湿度大而引起的玻璃透视率下降和后视效果变差等现象,影响驾驶员的观察和判断,所以在高速公路行车非常危险,高速公路上雾天连续追尾撞车是世界性的难题。

浓雾会阻遮能见度,如果能见度不到 200 m,对交通就会造成影响。在低能见度浓雾天气,高速公路追尾事故为多发时段,由此造成人员和经济上的极大损失,对高速公路行车安全构成了严重威胁。

3.3.1.2　雾和交通事故的时间分布

为了与降雨和降雪等天气区别开来,统计雾和交通事故的关系时设定了以下标准:(1)能见度≤500 m,(2)没有降水、降雪等影响能见度天气。根据 1961—2006 年的江苏省气候资料显示:雾日数具有明显的月际变化特征,江苏省平均各月雾日数曲线表明(见图 3.1):各月均可以发生雾,并具有双频峰特征,主要频峰在 11 月份,平均每年出现 3.8 天,12 月份略少于 11 月,次峰在 4 月,平均每年出现 3 天。盛发期有两段:10 月至次年 1 月和 4—5 月份,最少在夏季的 7—8 月和冬末 2 月。

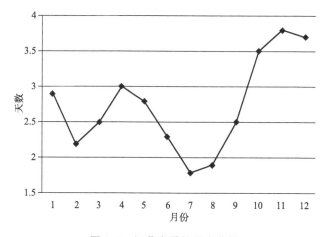

图 3.1　江苏省雾的月度分析

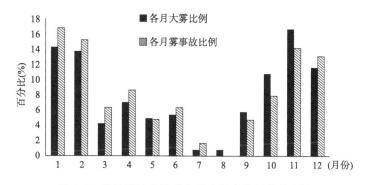

图 3.2　宁沪高速公路雾和雾交通事故逐月分布图

从图 3.2 可以看出,每个月份都有因雾事故发生,其中宁沪高速公路秋季到冬季事故数呈现逐渐增长的态势,11、12、1、2 月事故的发生数最多,其中 1 月份的事故量占全年的 16.9%,2 月和 11 月份次之,分别占 15.3%和 13.8%,而 8 月所占比例最少。通过统计分析宁沪高速公路这些年的雾日频率,发现宁沪高速全年都有雾出现,但雾日的分布不均匀,其中 11 月份最多,7 月和 8 月最少,秋季和冬季是全年雾的高发季节,其总体趋势与雾事故发生频率相似。

　　从图 3.3 宁沪高速公路雾事故各时次变化柱状图可以看出,事故的高发时段主要集中在 06:00－10:00,占总数一半以上,07:00－08:00 之间是事故出现的峰值,占所有事故的 20.6％。而在 11:00－22:00 之间为事故的低发区间,只占 9.5％。为了说明事故数的分布原因,制作了宁沪高速公路历年来各时次出现大雾的频率变化曲线(图 3.3 折线)。可以看到,雾事故频率和雾频率的变化趋势基本一致,0 时起出雾概率增大,07 时达到峰值,然后逐渐减小直到日落后又开始增加。因此可以看出雾事故的发生和出雾时间有着密切的关系。只有 02:00－06:00 之间事故频率的变化与雾频率变化略有不同,这可能与深夜车流量的减少有关。06 时以后,随着日出,车流量增多,再加上这一时段出雾的频率最高,导致了高速公路雾事故的高发。

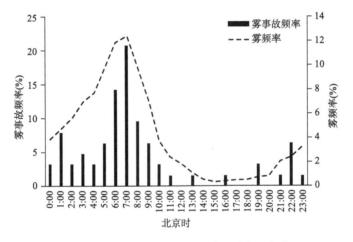

图 3.3　雾和雾造成的交通事故逐时发生频次

　　因此,在浓雾多发的秋冬季节后半夜和早晨,驾驶员如有可能应该尽量减少06－08 时这段时间的集中出行,而高速公路管理公司应在此时间段内给出更多提示警示,包括一定情况下限制车流量。在 08 时以后,随着太阳辐射增大,低层水汽蒸发,浓雾出现的频次迅速降低,随后一直处于低值区。晚上 20 时以后,在满足大气静力稳定、风速偏小和晴空的条件下,低层水汽逐渐聚集,浓雾出现的频次随时间的推移逐渐增大。

　　3.3.1.3　交通事故和能见度区间分析

　　低能见度浓雾天气能造成交通事故,为了便于分析,将低能见度浓雾的能见距离分为 5 个区间,分别是:400～500 m、300～400 m、200～300 m、100～200 m、100 m以下。对应交通事故次数(图 3.4),能见度低于 100 m 时,交通事故最多,占总样本的 30％,其次为 400～500 m 之间,占总样本的 17％。分析不同级别的浓雾造成的交通事故所占的比例,可以看到 100 m 以下的浓雾造成的交通事故最多。

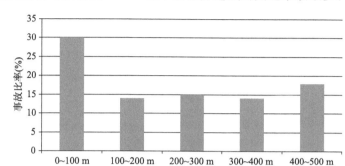

图 3.4　交通事故发生时低能见度浓雾的区间

为了和中国气象局的预警信号保持一致,按照预警标准对黄、橙、红色预警信号分别进行讨论,图 3.5a 和 3.5b 分别进行了对应分析,200～500 m 的雾在总雾日里占 60.4%,同样雾事故数所占比例也比较高,占雾事故数的 52.4%,但可看到雾事故的比率相对于出雾的比率要低些。50～200 m 区间,出雾的比率是 31.6%,雾事故占总的雾事故的 34.9%,所占比率略高于雾的比率。小于 50 m 的雾占总雾日的 8%,而雾事故数占了总雾事故数的 12.7%,所占比率高出雾比率 4.7%。因此≤200 m 的浓雾容易出事故。

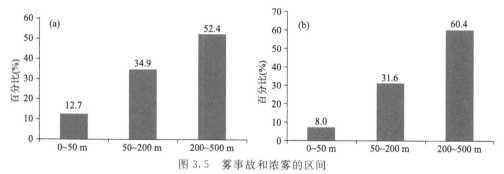

图 3.5　雾事故和浓雾的区间

(a)雾事故能见度距离分布;(b)雾能见度距离分布

3.3.1.4　雾的形成原因

雾形成的主要原因是由于近地面空气中的水汽经冷却作用而导致饱和,在凝结核上凝结而成。冷却主要有绝热冷却、辐射冷却、平流冷却和湍流冷却。低能见度(能见度≤500 m)是趋近饱和态的水汽突然凝结为雾滴的结果。

雾通常发生在晚上 20 时以后,满足于大气静力稳定、晴空、风速小和低层水汽易于凝结条件下,低层水汽逐渐聚集。浓雾多发生在后半夜和早晨,凌晨 4—5 时低能见度出现的频次较之前迅速增多,5—7 时浓雾发生的频次最高。8 时以后,随着太阳辐射增强,低层水汽蒸发,浓雾逐渐消散。统计分析交通事故的日变化,白天 10－20 时的时间段基本没有浓雾造成的事故,多和白天很少出现雾有关。晚上 20 时开始,浓雾造成的交通事故逐渐增多,凌晨 1－2 点和 4－5 点是交通事故发生的低谷,这个低值并不能说明这段时间的浓雾天气偏少,应该与强制驾驶员休息时间有关。交通事故的高发时间在早晨 5－7 时,这段时间也是浓雾发生的最多时段。建议长途车驾驶员尽量避开 5－7 时这段时间在高速公路上行驶。

3.3.1.5 雾造成的事故种类

统计分析了 2008—2013 年沪宁高速公路浓雾造成的交通事故的种类(图 3.6),发现高速公路浓雾造成的交通事故中追尾最多,6 年中出现了 38 起,占事故总量的 41%,其次是撞护栏 30 起,占事故总量的 32%,撞车等其他事故共有 19 起,占 20%,翻车事故最少,只有 6

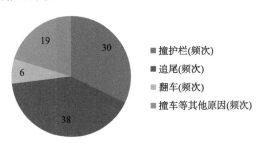

图 3.6 浓雾造成的事故种类频次

次。说明浓雾易造成驾驶员视线模糊,看不清前面的障碍物,因此,在行驶过程和超车时易造成事故。

3.3.1.6 低能见度浓雾等级划分和警示标识

根据浓雾在不同能见度范围造成交通事故的比例以及导致重大交通事故时的能见度值,将低能见度浓雾的预警阈值分为三个等级(表 3.1):500～200 m;200～50 m;<50 m。

表 3.1 低能见度(L)对高速公路影响等级划分与警示标识

等级	划分标准	对高速公路交通运行的影响	警示标识
1 级	200 m<L≤500 m(大雾)	有一定影响	黄色
2 级	50 m<L≤200 m(浓雾)	有较大影响	橙色
3 级	L≤50 m(强浓雾)	有严重影响	红色

3.3.1.7 雾天安全行车指南

1)大雾天气里行车要合理地使用汽车灯光

在雾天行驶时,驾驶员应将前后雾灯全部开启,如果雾非常大,还可将双闪灯打开,开启雾灯和双闪灯的主要作用,是为了让其他车辆的司机可以更好地观察到你,避免追尾和刮擦事故的发生。

特别需要提醒的是,有的司机会以为开启远光灯效果会更好,其实不然,远光灯开启后会让视线变得更加不好,因此建议司机可将远光灯当作信号灯使用,以确保会车时让对方更容易发现你,但远光灯闪动的时间应当极短,以免影响对方视线酿成事故。

此外,出行前应检查雨刷是否完好,行驶中当雾滴落在风挡上时,要确保雨刷能顺利将水滴刮掉,以确保有良好的视线。

2)注意限速行驶

即使在轻雾区也要适当降低行驶速度,适当加大行车间距。当能见度在 $200\sim$ 500 m 时,必须开启防眩目近光灯、示宽灯和尾灯,时速不得超过 80 km,行车间距应保持在 150 m 以上。能见度在 $100\sim200$ m 时,必须开启雾灯和防眩目近光灯、示宽灯和尾灯,时速不超过 60 km,行车间距保持在 100 m 以上。能见度在 $50\sim100$ m 时,除打开上述灯光外,时速不能超过 40 km,行车间距保持 50 m 以上。

能见度在 50 m 以下时为特强浓雾,公安机关按照规定可采取局部或全路段封闭高速公路的交通管理措施,此时已经进入高速公路的车辆,驾驶员必须按规定开启雾灯和防眩目近光灯、示宽灯和尾灯,在保证安全的原则下,驶离雾区,但时速不得超过 20 km,也可找就近的服务区暂避,等雾散后再行车。

3)行车过程中要频繁和平缓地踩刹车

大雾中行车要频繁和平缓地踩刹车,一是可以控制车速,二是刹车时尾灯变亮,可提醒后面的车辆注意保持车距。在雾区行车时,一般不要猛踩或者快松油门,更不能紧急制动和急打方向盘。如果认为确需降低车速时,先缓缓放松油门,然后连续几次轻踩刹车,达到控制车速的目的,防止追尾事故的发生。

4)勤按喇叭

在雾天视线不好的情况下,勤按喇叭可起到警告其他车辆的作用。当听到其他车的喇叭声时,应当立刻鸣笛回应,提示自己的行车位置。

5)要注意行车路线的选择

雾天行车要尽可能靠路中间行驶,不要沿着路边行车,以防刮、碰、撞防护栏,避免与路边紧急停靠的车辆相撞。

6)适时靠边停车

遇到浓雾突然降临,来不及进入就近的服务区时,应尽快把车停靠在高速公路紧急停靠带上,同时打开雾灯、示宽灯和尾灯。并在来车方向 150 m 以外设置警告标志。停车后,从右侧下车,离路尽量远一些,千万不要坐在车里,最好避入护栏外以免被过路车撞到,等到视线恢复到一定程度时,尽快离开紧急停靠带,或根据实际情况到服务区找安全地带停靠。

7)前挡风玻璃除雾技巧

雾天驾车,前挡风玻璃上很容易起雾,此时千万不要边擦雾边开车,因为这会分散驾车人的注意力,容易导致交通事故的发生。遇到前挡风玻璃起雾时,应打开冷气,或稍微打开车窗,这样可消除或避免玻璃起雾。

8)耳听八方,听觉很重要

在高速公路上驾车,听觉对我们同样重要,一旦听到前方有车辆撞击的声音,应在确保安全的情况下,迅速将车停在路边,开启所有灯光,车上人员需要翻过护栏在路边等候,并沿着路外侧走到车后 150 m 以外设立警告标志,完成后迅速离开路面。雾天高速公路上一旦有追尾事故发生,大部分都是连环追尾事故,此时人员要快速离开路面,确保自己的安全。

9)遇交通事故应急处理

一旦发生交通事故时,应迅速采取安全措施,保护好现场,及时报案,以求最快处理现场。此时人必须远离车辆,最好避入护栏外,以确保自己的安全。后面来的车辆不要挤占紧急停车道,以免给交通管理部门的疏导交通、抢救伤员、清障救援等工作造成不便。

10)遇大雾滞留,要等视线完全恢复后再行车

遇到大雾天气,驾驶员一定要耐心等待,不能为了抢时间而贸然驶入雾区。因为大雾初散时,高速公路沿线的雾经常时浓时淡,造成车速难以控制,更容易发生交通事故,因此更不能掉以轻心。特别提醒广大机动车驾驶人,如果遇到浓雾天气,请尽量避免选择高速公路行驶,以免由于浓雾天能见度低发生意外。

3.3.2　夏季高温

3.3.2.1　高温对交通的影响——爆胎

气温高是导致爆胎的主要原因,夏季气温高,路面温度也高,江苏 7、8 月份最高气温往往会超过 35℃,而路面温度会上升到 60℃以上,甚至能达到 65℃以上。汽车在高温条件下高速行驶,由于热胀冷缩作用,轮胎容易发生变形,轮胎在滚动过程中不断地摩擦发热,其产生的热量可以向轮胎内部空气散发;也可以从轮胎表面向周围空气和通过轮辋向周围环境散发,但此时的大气环境温度和路面温度都很高,所以轮胎滚动时与周围空气的对流热交换就显得非常困难,滚动过程中产生的热量也就不容易散失,因此,轮胎内部的温度会快速上升,促使轮胎变形频率加快,使橡胶容易老化,发生爆胎。另一方面,夏季的上午路面温度上升得非常快,而橡胶散热相对较慢,因此胎内气压快速增高,在胎体较薄处因强度不足而发生爆胎。

3.3.2.2　爆胎发生的时间

从沪宁高速公路江苏段 2012—2013 年 7、8 月份汽车发生的爆胎频率随时间变化来看(见图 3.7),爆胎主要发生在 08—17 时,占爆胎事故总数的 60%,01—07 时和 18—24 时爆胎发生的频率较低。通过对路面温度、气温和爆胎事故的对比分析,发现爆胎事故发生的频率趋势和路面温度、气温上升和下降的趋势是一致的,这说明爆胎发生的频率与温度有密切的关系,爆胎频率随着温度的升高逐渐增大。

08 时以后气温上升,路面温度亦迅速上升,爆胎的频率呈迅速猛增的态势,以后一直保持上升的趋势;10—16 时达到最高值,占总事故数的 46%,而此时的路面温度在 40℃以上,气温在 30℃以上;16—17 时以后路面温度迅速下降,而爆胎的频率也

逐渐减少。08 时爆胎频率猛增的原因是,路面温度在 08－09 时是上升最快的时期,平均 1 小时上升 5℃ 左右,导致轮胎温度迅速上升,胎压变高,轮胎帘线受到过度的伸张变形,胎体弹性降低,加之车辆高速行驶时受到的震动、应力来不及分散,而使动载荷增大,如再受到冲击,轮胎会产生内裂或爆破。同时气压过高,轮胎的接地面积还会相对减小,以致轮胎在加快磨损的同时温度急剧上升,导致轮胎容易爆破。

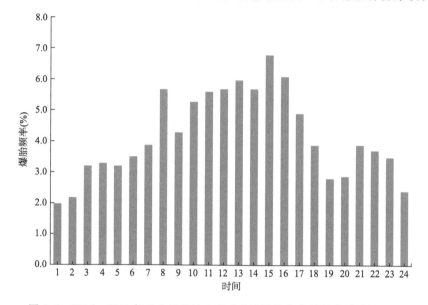

图 3.7　2012—2013 年 7、8 月份沪宁高速公路爆胎发生的频率随时间变化

3.3.2.3　气温、车速、轮胎类型与爆胎危险程度的关系

(1)斜交轮胎(大货车):

当气温 $t=25℃$,大货车的行驶速度 $V<76$ km/h 时,轮胎的温度 $T<100℃$,属于正常范围,不易爆胎;反之当 $V\geqslant76$ km/h 时,轮胎的温度 $T>100℃$,有爆胎的可能性,但概率较小;

当气温 $t=30℃$ 时,大货车的行驶速度 $V\leqslant90$ km/h 时,轮胎的温度 $T<121℃$,处于温度的临界状态,有爆胎的可能;

当气温 $t=35℃$ 时,大货车的行驶速度 $V=87$ km/h 时,轮胎的温度 $T=121℃$,反之当行驶速度 $V>87$ km/h 时,爆胎的可能性较大;

当气温 $t=40℃$ 时,大货车的行驶速度 $V=90$ km/h 时,轮胎的温度 T 接近 130℃,爆胎的可能性非常大;如果超速行驶,则更易发生爆胎。

(2)子午线轮胎(大客车、小轿车):

当气温 $t=25℃$ 时,汽车的行驶速度 $V\leqslant98$ km/h 时,轮胎的温度 $T<100℃$,属于正常范围,不易爆胎;反之当 $V\geqslant98$ km/h 时,轮胎的温度 $T>100℃$,有爆胎的可

能性,但概率较小;

当气温 $t=30℃$ 时,汽车的行驶速度 $V≤120$ km/h 时,轮胎的温度 $T<121℃$,处于温度的临界状态,有爆胎的可能;

当气温 $t=35℃$ 时,汽车的行驶速度 $V=117$ km/h 时,轮胎的温度 $T=121℃$,反之当行驶速度 $V>117$ km/h,爆胎的可能性较大;

当气温 $t=40℃$ 时,汽车的行驶速度在 120 km/h 时,轮胎的温度接近于 130℃,爆胎的可能性性非常大;如果超速行驶,则更易发生爆胎。

3.3.2.4　夏季爆胎的主要原因

众所周知,高速公路上引起爆胎的主要原因是轮胎的温度升高,当轮胎温度高于临界温度时,橡胶强度和帘线强力会降低很多,轮胎就有爆胎的危险。

通过分析并结合沪宁高速公路江苏段夏季汽车爆胎事故资料,可以将高速公路上引起汽车爆胎的主要因素归纳为以下三点:(1)温度高导致爆胎。车辆在高温高速条件下行驶,由于轮胎滚动发热,轮胎温度上升,而此时气温高,路面温度也高,橡胶散热相对较慢,致使胎内气压快速增高,在胎体较薄处因强度不足而发生爆胎;(2)胎压异常引发爆胎。胎压高低与温度关系密切,温度越高,胎压的增长率越大,胎压不足或过高都会引起轮胎局部严重磨损,加剧胎体发热,导致爆胎;(3)高速行驶导致爆胎。速度越高,轮胎与地面的摩擦越频繁,使胎压与轮胎温度急剧上升,导致爆胎。

专家表示,当气温达到 35℃ 到 37℃,汽车时速达到 100 km 以上的高速行驶时,容易发生爆胎事故。在长途、高速行驶中,急加速和急刹车会使胎内"容量"变小,加剧轮胎的磨损和增加瞬间压力从而引发爆胎。因此,车主们在长途、高速行驶中应养成中速行驶的习惯。

3.3.2.5　路表高温等级划分与警示标识

表 3.2　路面高温对高速公路影响等级划分与警示标识

等级	气温划分标准	路温划分标准	车速条件	影响	警示标识
1 级	$30℃≤t<35℃$	$40℃≤T_d<55℃$	最高限定速度	爆胎可能性较大	黄色
2 级	$35℃≤t<40℃$	$55℃≤T_d<65℃$	最高限定速度	爆胎可能性非常大	橙色
3 级	$t≥40℃$	$T_d≥65℃$	最高限定速度	极易发生爆胎	红色

注:t 为日最低气温,T_d 为路面温度。

3.3.2.6　高温天气安全行驶指南

1)正确使用轮胎。出车前应及时检查轮胎气压是否过高、是否有鼓包、两胎间是否塞有异物等,一般轮胎使用 4 年或行驶 5 万～8 万 km 就可更换了。

2)行驶途中尽量选平坦道路。凹凸不平的路面或有硬物冲击时,易造成爆胎,若必须通过凹凸路面,应提前减速,避免在高速状态下通过而冲击轮胎。

3)货车切勿超限超载行驶,客车切勿超速行驶。高速行驶过程中,应尽量避免紧急刹车等现象。

4)一旦爆胎,切勿猛踩刹车紧急制动,避免猛打方向。应紧握方向盘,缓收油门,努力控制好方向,尽量将车停靠在安全地带,并开启危险报警闪光灯。

5)一定要系好安全带。一旦爆胎车辆发生碰撞、翻车等事故,安全带能保护人员不被甩出车外或者人员在车内发生二次碰撞受伤。

3.3.3　道路结冰

3.3.3.1　道路结冰对交通的影响

道路结冰是指雨、雪、冻雨或雾滴降落到温度低于 0℃ 的地面而出现的积雪或结冰现象。道路结冰需要有两个基本条件:1、有雨雪;2、道路下垫面温度在 0℃ 附近及以下。在地表结冰路面上,轮胎与路面的附着摩擦系数很小,冰路为 0.1,雪路为 0.2。例如,汽车以 70 km 时速行驶,在干沥青路上的制动距离为 58 m,在冰路上的制动距离为 216 m,在雪路上的制动距离为 117 m。由此,地表结冰时,高速公路上车辆制动距离变大,容易发生溜滑,此外,如果有阳光,在冰面的强反射下,还会使驾驶员的视力下降,这些因素都明显增大了交通事故发生的可能性。在冬季,当气温降至零摄氏度以下后,高架桥、涵洞、桥面等路段,都很容易结冰,驾驶人如果车速过快,制动操作不当,都极易导致汽车打滑发生碰撞。猛减速、急转弯、尾随行车,都是结冰路面上行车的大忌。

3.3.3.2　道路结冰车祸发生的时间特征

统计 2008—2013 年冬季发生在沪宁高速常州段的 34 起车祸中,除 10 起与道路结冰无关外,其余均由雨雪和道路结冰引起,占 70.6％,且道路结冰一般由降雪加上低温引起,由降雨引起的较少。

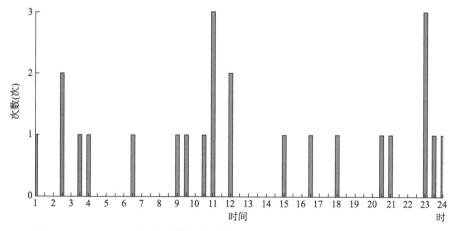

图 3.8　2008—2013 年冬季沪宁高速常州段各时间段道路结冰车祸发生次数

从图 3.8 中可以看出,一天中任何时刻均可发生道路结冰车祸,但 9—12 时以及 20 时 30 分—4 时为高发阶段,尤其是后者,占 50%,这可能与这段时间温度降低、道路结冰更容易有关;9 时—12 时为次高发时段(占 33.3%),通过分析发现,经查可能与该时段内雪势加大,冷空气影响导致的温度快速下降有关。

3.3.3.3　道路结冰的形成原因

路面结冰是指雨、雪、冻雨或雾滴降落到温度低于 0℃ 的地面而出现的积雪或结冰现象。当路面温度徘徊在 0℃ 附近或以下时,且路面仍潮湿或有积水、积雪时,路面发生的结冰概率很大,路面温度维持在 0℃ 附近及以下是路面结冰的必要条件,也是相关性最好的条件,对于降水来说,当日有降水发生,并不是低温路面结冰的必要条件。若前几日有降水,而当日并无降水发生,但空气相对湿度较高,风速不大,地面积水蒸发不强的情况下,路面维持潮湿或积水,也可能导致低温路面结冰。产生对交通有影响的道路结冰,在降雪和有积雪的天气情况下较多,由降雨引起的较少。

3.3.3.4　道路结冰造成的交通事故种类

冬季发生在沪宁高速公路与天气有关的交通事故,70.6% 由雨雪和道路结冰引起,且道路结冰一般由降雪加上低温引起,由降雨引起的较少。一天中任何时刻均可发生道路结冰车祸,但 9—12 时以及 20 时 30 分—凌晨 4 时为高发时段,尤其是后者,占 50%,这与该段时间温度降低、道路结冰条件更有利有关;9—12 时为次高发时段(占 33.3%)。

根据统计,冬季雨雪结冰造成的交通事故的种类中,撞护栏最多,占事故总量的 65.6%,其次是追尾,占事故总量的 15.6%,翻车事故有 4 起,占 12.5%,最少的是碰擦事故。因此,在高速公路上开车时要注意保持车速和车距,避免刹车造成的方向偏离。

3.3.3.5　道路结冰等级划分和警示标识

表 3.3　道路结冰对高速公路影响等级划分与警示标识

等级	日最低气温(t)	路表温度(T_d)	天气条件	影响	警示标识
1 级	0.5℃$<t\leqslant$2℃ 或 $t\leqslant$0.3℃	0.4℃$<T_d\leqslant$5℃ 或 $T_d\leqslant$0℃	雪降至温暖的路面或雨或雨夹雪降至严寒路面	路面打滑	黄色
2 级	$t\leqslant$0.5℃	$T_d\leqslant$0.4℃	12 小时$<$3 mm 的降雪降至严寒路面或有积雪	路面打滑较重	橙色
3 级	$t\leqslant$0.5℃	$T_d\leqslant$0.4℃	12 小时$\geqslant$3 mm 的降雪降至严寒路面	路面打滑严重	红色

注:t 为日最低气温,T_d 为路面温度。

3.3.3.6　道路结冰天气高速公路安全行驶指南

1)根据交警提示合理安排行程

上高速前应尽量了解最近的天气情况和沿途道路通行情况,以便及时安排行程。

上高速后也要注意观察路面上可变情报板的提示,如遇并按照路面上的信息提醒,从最近的出口尽快驶离高速公路,或绕行其他高速公路。

2)清晨和深夜开车时最好少上高架桥

高速路桥面结冰多在早晚形成,桥梁因为悬空架设,没有地温支撑,较普通路面容易形成结冰。同时,桥梁一般主要集中在峡谷风口地带,桥下以及桥面上风大,气温较低,堆集的雪层,一遇冷空气,较易结冰。交警提醒"雨雪天,市民尽量不要选择清晨和夜间行车,特别是在高架桥上""雨雪天,新手最好不要开车。"

3)高速上行车时要拉开车距

冰雪天的交通事故,绝大部分是驾车人应对不当引起的,这种天气下,车速要慢,一定要和前车保持足够的间隔,平安车距通常是150~200 m,这时最好保持在300~400 m。

4)在冰冻路面上不要猛打方向盘

雪后道路易结冰,路面摩擦系数减小,轮胎附着力降低,制动时要采取"点刹"或排挡减速方式;转向时要先减速,适当加大转弯半径,慢打方向盘,以免车体失控。为避免车辆打滑、侧翻、方向失控,在冰冻路面上行驶时切记不可紧急制动,也不可猛打方向、猛转弯,高速上行驶尤其要留意。需要停车时,应该提早采取措施,用松油门、减挡等方式,慢慢将车速降下来。

5)正确采取防滑溜措施

当前轮滑溜,应及时松开刹车修正方向;当后轮滑溜,应向滑溜一方修正方向盘;当遇动力滑溜应及时抬起加速踏板;当遇横向滑溜汽车进入旋转状态时,不要慌乱采取措施,等汽车停稳后重新起步。此外,在冰雪路面上行车,忌突然刹车,因为冰雪路面上突然制动,容易引起侧滑而翻车。必须进行制动时,采取"多次制动法",缓慢地实行多次点踩刹车,一定不能过快。需要停车时,要提前采取措施,多用换挡,少用制动,利用发动机的制动作用来控制车速。

3.3.4　强降雨

高速公路雨天事故的发生是在特定的降雨环境下发生的,降雨不仅改变了道路行车环境,也使驾驶员行车时的心理、生理状况不同于一般天气情况下。对高速公路雨天事故进行统计分析,找到雨天事故的特征,这样更有助于发现和识别雨天事故多发区域、路段,明确雨天事故预防的重点,从而有针对性地采取雨天事故预防措施。

3.3.4.1　降雨对交通的影响

雨天交通事故在高速公路事故中占有很大的比例。下雨天,对于行车的安全主要由两个方面的影响,一是雨天路滑,二是影响驾驶员视线。此外,在出现降雨后气温急剧下降的情况下会出现道路结冰,也同样对高速公路行驶产生一定的影响。

3.3.4.2　降雨交通事故时间分布规律

不同地区降雨产生的事故时间分布受各地区所处的地理位置、气候条件以及高速公路交通情况的不同等因素的影响而有所不同。研究降雨产生的交通事故分布，可以掌握事故分布的规律性，有针对性地在不同月份对高速公路交通安全进行有效的控制和管理，减少事故的发生。

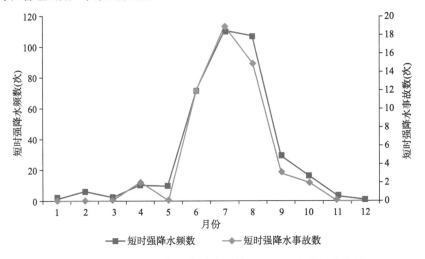

图3.9　2009—2013年1小时降雨量≥10 mm事故月分布图

将1小时雨量≥10 mm作为高速公路短时强降雨分析对象，图3.9显示，短时强降雨引发的交通事故主要出现在主汛期（6—8月），其中7月事故发生最多为19起，4月、9月和10月短时强降雨事故偶有发生，其余月份无短时强降雨事故发生。

3.3.4.3　短时强降水与交通事故的关系

短时强降雨天气下的高速公路交通事故与短时强降雨频数呈明显的正相关，短时强降雨事故主要出现在苏南主汛期（6—8月），此时也是短时强降雨频发、强度高的时段，其中7月事故发生最多，4月、9月和10月短时强降雨事故偶有发生，其余月份无短时强降雨事故发生。由图3.10可见，短时强降雨事故中低能见度占81.25%，其他区间所占比重相差不大，其中500～1000 m区间最高，为31.25%，可见1小时降雨量≥10 mm的短时强降雨造成的低能见度对交通事故的发生有重要影响，是造成短时强降雨事故的最重要因素。分析表明，短时强降雨造成的低能见度以≤1000 m区间为主。

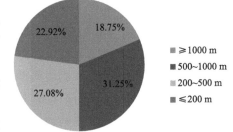

图3.10　短时强降水造成的不同
等级能见度比例分布

3.3.4.4　短时强降雨造成的交通事故种类

由图 3.11 可知,宁沪高速公路短时强降雨事故(简称短强事故)主要为撞护栏(47.8%)和追尾(38.8%),这两种事故类型主要的造成原因可能有两种:一是强降雨导致能见度下降,影响驾驶员的视程,易造成事故;二是降雨造成的路面湿滑,使得路面摩擦系数减小,车胎附着能力下降,制动距离增加,侧滑可能性增加,从而造成撞护栏或追尾事故。

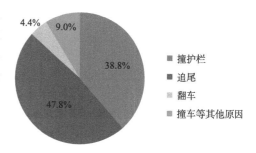

图 3.11　短强事故类型比例分布图

3.3.4.5　强降雨的等级划分和警示标识

表 3.4　短时强降雨对高速公路影响等级划分与警示标识

等级	h 雨量(R)	影响	警示标识
1 级	10 mm/h≤R<15 mm/h	有一定影响	黄色
2 级	15 mm/h≤R<20 mm/h	有较大影响	橙色
3 级	R≥20 mm/h	有严重影响	红色

3.3.4.6　雨天高速公路安全行车指南

雨天开车,由于能见度低、路面湿滑等原因,容易发生交通事故。需注意以下几点安全行驶准则:

1)车速不超过 90 km/h

雨中行车时,路面上的雨水与轮胎之间形成"润滑剂",使汽车的制动性变差,容易产生侧滑。在这样的路面,车速一般不要超过 90 km/h,同时驾驶员要随时注意观察前后车距,防止意外情况。一旦出现轮胎打滑的情况,双手平衡握住方向盘,保持直线,用力不能太猛,同时缓踩刹车。

2)弯道要慢行

弯道路段是高速公路上的危险路段,即使是在晴空万里的天气,过弯道时都要适当放慢车速,以防车辆出现打滑。在下雨天,弯道路段更要十分谨慎,由于弯道路面有一定的倾斜角度,在地势低的地方容易积水,一旦车辆一侧轮胎经过积水时,车辆就会打滑失控。

3)注意行车安全

下雨天,除了超车、变道、并线容易造成交通事故外,其他的行车安全也需要注意,尤其是对路面情况更要小心谨慎。雨天容易出现路面坑洞,形成交通安全"陷阱",路遇坑洞提早缓慢减速,低速通过,同时把牢方向,避免车辆失衡翻车。另外,由于雨天视线不佳,驾驶员开车上路除了谨慎驾驶以外,要及时打开雨刮器,天气昏暗时要开启近光灯和防雾灯,时刻关注前方的路况。

4)雨天事故两头多

雨天,交通事故发生率相对比较高,如果是连续降雨的天气,事故就会呈现出两头多的情况。一头是降雨的初期,另一头就是雨过天晴的时候,尤其是雨后的一两天内,车友们更要提高警惕。在降雨初期,驾驶员对路况的突然改变不能马上适应,对车辆前方的路况也很难做出一个正确的判断,如进入积水区、雨雾区等比较危险的路段而没有采取相应的措施,所以,交通事故发生的概率也就比较大。而在雨过天晴的时候,路况变好了,视线也变好了,人的心情也变好了,同时,驾驶员的警惕性却变弱了,麻痹大意导致交通事故发生的概率增加。在这一时段发生的交通事故多是由超速行驶造成的,所以交通事故发生的概率相对比较高,造成的损失也就相对比较大。

此外,还应注意雨天在高速公路行驶时:(1)遇到大暴雨或特大暴雨,能见度低,视线不良,刮水器的作用不能满足要求时,不要冒险行驶,应选择安全地点停车,并打开示廓灯,待雨小或雨停时再继续行驶。(2)当车辆发生侧滑时,要冷静清醒。在松抬加速踏板的同时,将转向盘向后轮侧滑的一侧适当缓转修正方向,切忌猛打转向盘或紧急制动。

3.3.5　降雪

3.3.5.1　降雪对交通的影响

雪是由云中水汽在冰核、冰晶上凝华而成。降雪分为小雪、中雪、大雪和暴雪四个等级。小雪:0.1～2.4 mm/d;中雪:2.5～4.9 mm/d;大雪:5.0～9.9 mm/d;暴雪:大于等于10 mm/d。大量的雪被强风卷起并随风运行称为"风吹雪"。积雪在风力作用下,形成一股股携带着雪的气流,粒雪贴近地面随风飘逸,被称为低吹雪;大风吹袭时,积雪在原野上飘舞而起,出现雪雾弥漫、吹雪遮天的景象,被称为高吹雪;积雪伴随狂风起舞,急骤的风雪弥漫天空,使人难以辨清方向,甚至把人刮倒卷走,称为暴风雪。风吹雪的灾害危及工农业生产和人身安全,对公路也会造成危害。

雪天开车不可预测的因素较多:路面湿滑易结冰,会造成车辆侧滑;挡风玻璃上有积雪会很容易结冰而妨碍视线;加上积雪覆盖道路的真实情况不易辨别等等方面都会危及驾驶安全。

积雪很多时,虽然主干道和主要公路干线上的积冰积雪已清除,但是大多数都会堆积在机动车道和非机动车道之间的隔离栏附近,虽然降雪已经结束,但是白天气温回升时,积雪融化会导致非机动车道上覆盖一层水膜,当夜晚气温下降时,路表温度降到零度及以下时,非机动车道上或个别机动车道上仍然会有结冰现象,也容易出现车祸。简而言之,气温和沥青地面温度降至0℃附近及以下且有降雪天气出现时容易出现道路结冰,这方面因素也会对交通有影响。例如 2008 年 1 月 26 日－28 日常州市遭受了一场极为罕见的连续暴雪的袭击,全市连续 3 天普降暴雪,过程累计降雪量 52.8 mm,最大积雪深度达到了 36 cm,造成严重的道路结冰,从而导致了沪宁高速公路常州段 8 起交通事故的发生。同样,2012 年 12 月 29 日的大雪也造成了较为严重的道路结冰,从而导致了多起车祸的发生,尤其是 29 日夜里仅 22:47—23:49 近一个小时的时间里沪宁高速常州段就发生了 4 起车祸。

3.3.5.2　降雪交通事故的时间分布特征

以宁沪高速公路为例,根据对 2008－2013 年降雪和事故数的统计分析得到,由降雪引起的事故主要分布在冬季,即当年的 11 月至次年 3 月期间,其中 1 月交通事故最多,2 月次之(图 3.12a)。图 3.12b 是江苏省南部降雪的月分布图,江苏省的降雪主要出现在 12－次年 3 月,其中 1－2 月占了全年的 79%,与降雪事故出现的月频次相对应,宁沪高速公路 1 月和 2 月交通事故偏多与降雪天气偏多是相互对应的,四月份仍会有少量降雪日,但是没有因雪造成的交通事故,其原因与四月份的飘雪时间短、气温偏高有关。

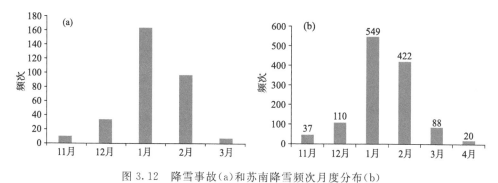

图 3.12　降雪事故(a)和苏南降雪频次月度分布(b)

从降雪事故的逐小时分布图来看(图 3.13),总体呈现为三个高峰期,分别为三个时段:凌晨 02－03 时、08－09 时、17－18 时。根据时间段来看,02－03 时的高峰

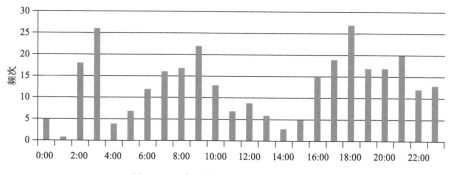

图 3.13　降雪事故的逐小时分布特征

原因与夜间气温下降造成的路面结冰有关,08－09 时和 17－18 时为事故的高峰主要原因与这两个时段车流量增大有关;19－21 时为次高发时段,该时段事故多发应该与车流和夜间视线障碍有关。

3.3.5.3　降雪交通事故的温度特征

宁沪高速公路上降雪发生事故时的气温分布显示,交通事故主要发生在 2℃ 以下,这和降雨相态向降雪相态转换的温度一致,80% 的降雪事故发生时气温在 $-3\sim1$℃,其中 $-2\sim-1$℃ 发生的事故最多,占总数的 43%。

降雪事故发生时,路表温度大多在 $-3\sim2$℃,占事故总数的 90% 以上,$-1\sim0$℃ 降雪事故最多,占总数的 20%。降雪时较高的路表温度仍然会发生交通事故,这说明当雪降到温暖的路表没融化前,也易造成道路湿滑。

3.3.5.4　降雪事故类型

分析宁沪高速公路降雪事故类型(图 3.14),主要有撞护栏、追尾和翻车等,降雪事故发生时,撞护栏与追尾事故数量最多,分别占事故总数的 44% 和 37%,就是说在降雪造成的交通事故中,有 81% 是由于雪天路滑造成的汽车制动系统失控发生的(其他事故里面含撞人,抛锚等)。

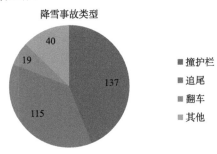

降雪事故类型

■ 撞护栏
■ 追尾
■ 翻车
■ 其他

图 3.14　降雪事故类型

3.3.5.5　降雪的等级划分和警示标识

表 3.5　降雪对高速公路影响的等级划分与警示标识

等级	划分标准(12 小时降雪量)	影响	预警信号
1 级	中雪(1.0~2.9 mm)	有一定影响	黄色
2 级	大雪(3.0~5.9 mm)	有较大影响	橙色
3 级	暴雪(≥6 mm)	有严重影响	红色

3.3.5.6　雪天高速公路安全行车指南

1)雪天能见度低时,应该注意灯光的正确使用。一是开启雾灯、近光灯,帮助驾驶员瞭望前方情况,使驾驶员对前方情况看得清楚一些。二是开启示廓灯和前后位灯,示意自己车辆的存在,使前后行驶的车辆,能够看到自己的具体位置及通行情况,方便他们采取相应的措施。此外,尽量不要频繁地变更车道,如果必要变更的话,无论是并线还是超车应先开启转向灯,然后看清后视镜里的路面状况,在确认安全后再变线。

2)雪天开车最好戴上墨镜以保护眼睛。要尽量避免急起步、急制动、急打方向,所有动作都要比平时慢半拍。尤其在出主路、右转、横穿马路、过十字路口时,还要多注意行人和自行车。在冰雪天气爬陡坡时,要注意前后车距离,挂低挡稳住油门一鼓作气爬上去,中途尽量不要换挡。因为低速挡本身拥有更大的扭力,而且行车时车轮的转速也低些,不易打滑,可以有效避免上坡到一半而力量不够被迫停在坡上做"坡起"或"溜车"。要尽量避免在雪地上停车,以免造成重新启动时的困难。

3)对于后轮驱动的车辆,大部分驾驶者的印象是操控性好,但如果在积雪地面上行驶就是另一番景象了。由于后驱车不像前驱车一样,有发动机、变速箱等机械装备压着,所以后轮驱动的车在冰雪地上的附着性能相对较差,加上转弯时后轮本来就有和前轮对抗的特性,所以后驱车比前驱车更容易在积雪路面上打滑、甩尾。解决办法有两种:一是更换冬季冰雪路面的专用轮胎;二是在后备箱里多放些东西,以加大后轮负重,这对改善轮胎的附着性有些帮助,不过也会多费些油。

4)雪天应尽量沿着前车的车辙行驶,一般情况下不要超车、急转弯和紧急制动,与前车保持一定距离,以免造成追尾事故,雪天刹车距离为干燥路面的 2～3 倍以上。此外,由于冰雪路面的附着性极差,最好换用雪地轮胎。

5)积雪路面上行驶,轮胎与路面的摩擦系数减小,附着力下降,如果速度过快、转弯过急、突然加速或减速,易造成侧滑及方向跑偏,重心较高的客货车易发生翻车。尤其在山区积雪路面行车时,要做到"缓加油、轻减速、慢转弯"。所以,雪天行车一定不能猛踩刹车,那样将很可能造成侧滑。如果产生侧滑马上松开刹车,使方向盘能够重新控制汽车。进入转弯前采取制动措施,千万不要在弯道中踩刹车,惯性将使汽车失去控制。

6)冬季气温骤降,请注意加强车辆安全保养,按期进行机动车检验。出行前,要注意检查车辆轮胎,营运客车一定要进行安全例检。驾驶车辆行经弯坡路段,遇路面湿滑,对前方路况不明的情形时,要稳握方向盘,轻点刹车减速。转向时适当加大转弯半径并慢打方向盘,避免车辆侧滑甩尾。

3.3.6　大风

3.3.6.1　大风对交通的影响

在大风天气行车,由于风力作用比较大,汽车制动距离会相对增长,制动非安全区增大,如果风力过大,容易使车辆发生侧滑或侧翻。因此,驾驶员必须随时注意风力对车辆产生的影响,并采取相应措施,关闭驾驶室门窗,固定好车上货物,遇上风特别大时,应将车停靠在路边避风处。

特别是当高速行驶的汽车受到横风作用时,往往容易诱发车祸。横风对面包车、大型客车、帆布篷货车等箱形车的影响较大,因为这类车辆的整体重心较高,侧向面积较大;重量轻的小汽车,也容易受到横风的影响。此外,横风的作用是随车速的提高而加剧的。汽车从隧道驶出的瞬间,或驶向风力贯穿的桥梁、高路堤等路段时,往往会突然遭到强横风的袭击。在山区行车,容易遇到突如其来的山风,时间短而风力强,吹动车辆偏离行车路线,由于风速和风向的非连续变化,驾驶员会感到汽车发飘。

通过对 2008—2013 年沪宁高速的交通事故资料分析得出：当横风超过 6 级以上将对汽车有明显影响，将资料中事故发生前一小时内的最大风速超过 10.8 m/s 作为大风划分标准，得到灾害事故 20 起，其中伴随降水同时发生的有 11 起，主要出现在 6—8 月，以短时强对流天气为主，其中 2009 年 8 月 10 日和 2012 年 8 月 8 日为两次典型个例，共 9 起约占总事故数量的一半，事故时间都在 14：00—18：00 之间。20 起事故的平均风速为 12.3 m/s，大于 7 级风 13.9 m/s 的有 2 起，最大风速 14.8 m/s（2009 年 6 月 14 日）。

大风天气对机动车辆运行的影响虽然不像遇雾天或雪天那样严重，但如果不注意其特点、开车时小心谨慎，也容易发生交通事故。

3.3.6.2　大风的成因

（1）寒潮。寒潮是指冷空气从源地流向纬度较低的温暖地区，冷空气南下时强度很大。寒潮南下一般十分迅速，由于气压梯度大形成大风，大风通常出现在冷空气（冷锋）过境时及过境后的一段时间里。

（2）台风。台风是由热带气旋发展而来。台风的强度大、范围广，强台风≥7 级的大风区半径常超过 500 km，10 级以上的大风区半径可达 200 km 左右。

（3）强对流。春夏季节大气经常表现为对流性不稳定，底层盛行偏南暖湿气流，加上地面因太阳辐射而大幅增温，就能不断积累对流性不稳定能量。这时，如果外部有强烈的触发机制移来，对流层中上层有干冷空气逼近，就可能形成强对流天气，出现阵性大风。

（4）江淮气旋。春季，当冷空气进入倒槽后，在倒槽顶端气旋性曲率最大处往往有锋面波发生，继而发展成气旋。春夏两季是江淮气旋频繁发生时期，尤其在 3 月—6 月是频发高潮期。6 月以前多发生在长江中下游地区，7 月多发生在淮河流域。江淮气旋常常带来大范围的大风、降水，使江浙一带和上海沿海的能见度变低。气旋入海后常常加深，在黄海南部、东海造成大风，其风向在气旋西部为西北风，东部为偏南风。当气旋发展时，风力可达 8 级，且往往偏南大风过后，西北大风随之来临。

3.3.6.3　大风的等级划分和警示标识

表 3.6　风力对高速公路影响的等级划分及警示标识

等级	划分标准	影响	警示标识
1 级	平均风 5～6 级（8.0～13.8 m/s）或阵风 7 级（13.9～17.1 m/s）	稍有影响	蓝色
2 级	平均风 7 级（13.9～17.1 m/s）或阵风 8 级（17.2～20.7 m/s）	有影响	黄色
3 级	平均风 8 级（17.2～20.7 m/s）或阵风 9 级～10 级（20.8～28.4 m/s）	有较大影响	橙色
4 级	平均风≥9 级（≥20.8 m/s）或阵风≥11 级（≥28.5 m/s）	有严重影响	红色

3.3.6.4　大风高速公路安全行驶指南

大风中在高速公路行车应注意以下几点：

1）大风中行车，应尽量把车窗玻璃摇紧，防止沙尘飞进驾驶室影响驾驶员的呼吸和观察。

2）如果驾驶的是物运车辆，对车上装载的物资要捆扎牢固，防止大风吹走或散落，更要防止车上物品掉下影响其他车辆的运行。

3）车辆驶出隧道或驶向风力贯穿的桥梁、高路堤等路段遇横风时，驾驶员应当降低车速，握紧方向盘，发现车辆偏移时，应微量转动方向盘，矫正行驶方向，此外，注意气象预报，掌握风力、风向信息也是预防强风侵袭的好方法。

在高速公路行车遇到雨、雾、雪、高温、大风、道路结冰等恶劣天气时，我们更应遵守好高速公路的严格管理规定，根据所遇情况，及时采取相应的措施，做到不急不乱，按照规定从最近的出口驶离高速公路，最大程度避免发生事故。

第 4 章　江苏高速公路气象灾害监控及分析系统介绍

4.1　综合描述

"江苏高速公路气象监控及分析系统"是依托关键技术项目而开发建设的一个业务展示系统,是该项目成果的一个集中体现。通过本系统的建立,可为高速公路气象监控等相关工作提供理论基础、客观数据,将提升业务部门的工作效率,有利于提高高速公路气象服务的能力和水平。

主要包括两大部分:

4.1.1　前端处理部分

前端处理主要是数据的实时查询、图表展示等功能。

具体功能包括:

(1)日期时间查询:按照指定日期进行事故查询以及对应地点的交通气象数据夸库查询。

(2)事故地点查询:根据事故发生的地点和后台预处理数据进行相应查询。

(3)灾害天气类别查询:按照指定类别【追尾(碰撞,相撞,相擦,碰擦),翻车(侧翻),撞护栏(擦护栏),爆胎,其他】和后台预处理数据进行智能查询。

(4)处置方案查询:查询特定天气条件下,道路公司所采取的预警措施【雾(能见度)、管制、限速、封路;雨、管制、限速;雪(冰)、管制、限速、封路】。

(5)高速公路隐患点基本信息查询:能够根据高速公路代码、地点、路段类型、道路形态等条件进行智能查询。

(6)图形图标展示功能:对查询的数据要予以图表展示。

(7)重点公路气象灾害风险基本信息库查询与管理。

4.1.2 后端处理部分

根据事故数据表、交通气象数据库、monitor 表、交通桩号与气象台站映射表等数据,智能抽取与预处理数据,生成后端江苏高速公路气象监控及分析系统数据库。具体功能包括将宁沪高速的事故记录进行重新归类整理、提取事故发生时间地点、天气类型等信息,结合同时刻的交通气象自动站观测信息,实现数据的预处理功能。

4.2 技术路线

4.2.1 系统开发模式

"江苏高速公路气象监控及分析系统"是面向整个气象系统的开放性系统,为保证整个业务系统的开放性、稳定性,及其较大并发访问量等要求,综合考虑各方面因素对系统采用 B/S 结构。借鉴 .Net 体系结构在大型 B/S 业务系统方面的成功案例以及气象局其他基于 Asp.Net 的 B/S 系统良好运行经验,决定对本业务系统采用如下方式开发。

表 4.1 系统开发模式

	技术方案	优势
操作系统平台	Windows 操作系统	稳定高效。
数据库	MSSQL	主流的大型数据库,成熟稳定,并发访问性能良好,业界口碑较好。
Web 和应用服务器	IIS 服务器	稳定,可靠。
编程语言	C≠语言	面向对象高级语言,运行效率较高,对大型系统体系结构描述清晰,有 Web 服务等技术可对业务系统进行无缝扩充。

4.2.2 系统功能架构

系统进行"框架结构抽取"和"正交化"分析设计,即对系统从功能模块和层次结构两个方向进行"纵,横"划分,保证得到的各部分功能互不相交。系统框架结构示意图如下。

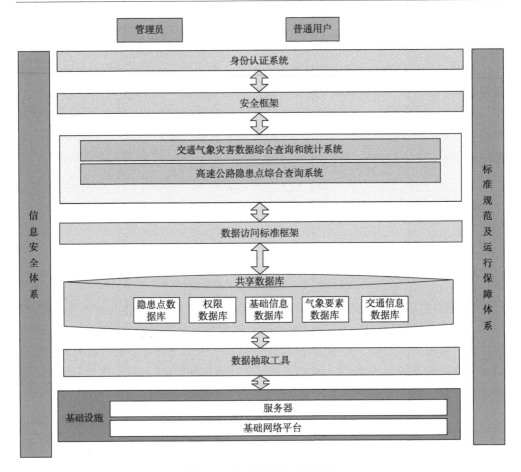

图 4.1　系统框架结构示意图

各层和各功能模块之间的这种"正交"性保证了彼此之间高度的松耦合，可以为系统划分保留较好的规范和扩展性。稳定的系统框架无论对需求描述还是系统开发都是有重要意义的，也可以保证后期的维护和扩展在框架稳定的基础上进行，极大地减少后期重复工作量。

4.2.3　安全框架

"系统资源访问模型"由主体和客体两部分构成：客体包括各种系统资源和业务方法的集合；主体即不同身份类型的系统访问用户，见图 4.2。

对主、客体进行分级划分和角色授权，且严格分级规范，建立系统资源访问模型。角色的划分具有等级特性，即高等级的用户拥有次等级用户的所有系统权限。

业务系统采用二级安全框架，安全功能由主动监控模块构成，实现系统访问的实时控制和定期审计。见图 4.3。

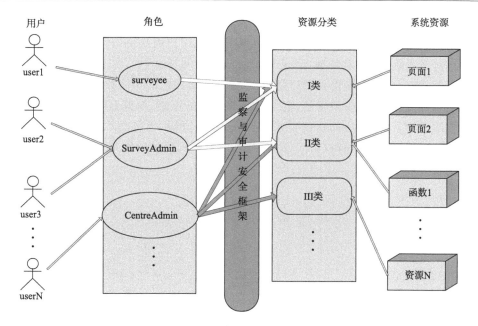

图 4.2 系统资源访问模型示意图

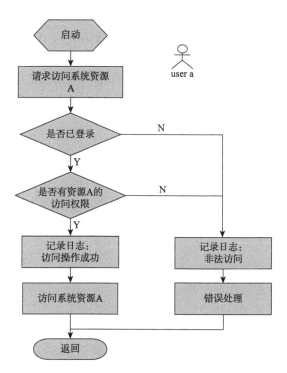

图 4.3 主动监察流程示意图

主动监控功能描述:主动监控模块必须能够实时处理不同身份用户的系统访问请求,并准确记录用户行为。由主动监控模块拦截用户的系统访问请求,查看该用户是否已登录系统,如尚未登录,记录非法的试图访问要素:时间、资源、事件;如已登录,访问系统安全信息库得到用户身份,由用户所属角色的访问权限决定是否允许访问所请求的资源,如果权限满足,记录下此次访问的要素:时间、用户、资源、事件等;如果权限不够,记录非法的访问要素:时间、用户、资源、事件等,将流程转入错误处理;根据结果转发流程:有权访问,将流程转入用户所请求的系统资源;否则,将流程转入错误处理程序。

4.3　数据访问标准框架

"数据访问标准框架"是《江苏高速公路气象监控及分析系统》为操作数据库中各类数据所提供的标准访问接口集,是各个系统获取数据的主要途径。它统一对业务系统的各种数据库请求,对操作进行标准化和封装,屏蔽非法的数据库操作请求,可以在数据访问层面上实现标准化和安全控制。

各子系统必须通过调用"数据访问标准框架"获取所需数据,避免了直接操作数据源带来的安全隐患和不规范。数据访问模块向数据库发送数据请求并将满足要求的数据以数据流的方式返回给调用程序。"数据访问框架"作为系统支撑组件运行,贯穿业务系统的各个子系统和功能模块。数据访问层的数据访问方法一般有针对特定数据表的增加,删除,查询,修改,批量查询,分页查询等常用操作。

4.4　系统逻辑架构

系统设计采用 MVC 分层设计思想,将整个系统分为表示层、控制层、业务逻辑层、持久层和数据层五个层次,见图 4.4。

其中:

表示层代表了用户使用界面,及其存在方式。在本系统,表示层为前台 html 页面、其中的 js、和后台逻辑配套的 html form 等。

控制层主要负责请求的接受以及分发,控制层输入业务逻辑层的数据包括提交的请求动作、数据等。

业务逻辑层负责具体事务的处理。各类业务功能都将在此层实现。业务逻辑层具有以下功能:业务处理对象,数据对象,一些辅助工具,以支持:事务的管理:事务开始、提交、回滚;数据库连接、会话的管理:申请、关闭、清理。

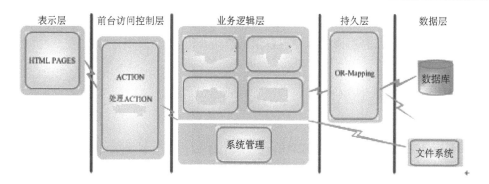

图 4.4　系统逻辑架构示意图

持久层是为了使业务逻辑层关注具体的算法，并且保持较好的特性，引入持久层封装具体的数据库操作。持久层使得底层数据库的使用对于上层应用透明。

数据层为具体的数据库模式、对象，保留了具体的数据。系统使用独立的MSSQL 数据库作为数据层。江苏高速公路气象监控及分析系统涉及的数据包括在线采集数据，历史气象数据，统计分析数据等，经详细分析相互耦合性，合理划分为如下子数据库：基础信息数据库、系统权限管理数据库、气象要素数据库、交通事故数据库、公路风险隐患点数据库。

4.5　系统技术的先进性

系统先进性主要有体现在以下几个方面。

4.5.1　Ajax 异步实时刷新技术

使用 XHTML＋CSS 表来表示页面信息；使用 JS 语言操作 Document Object Model 进行动态显示与交互；使用 XML 编程和 XSLT 进行 Data 交换及相关操作；使用 XML 编程 HttpRequestobject 与 Web 服务器进行异步 Data 交换。实现用户操作信息的异步实时无刷新技术。

4.5.2　多维数据可视化技术

系统提供多种数据管理功能，提供多种数据查询显示功能，如表格、饼图、直方图。

4.5.3　数据瓦片技术数据瓦片服务器技术（数据缓存技术）

在服务器内存中存放预先生成的大量的数据瓦片。用户只用在页面选择查询条件就可以直接获取查询结果，而不需要从数据库中重新读取数据并在线计算。这可以显著地提高运行速度，降低服务器数据维护的开销，提高用户体验度。

4.6　操作指引

本部分主要通过详细描述江苏高速公路气象监控及分析系统的各种功能以及对应的系统操作，给测试、工程实施、使用人员、开发人员等工作提供帮助与支持。

登录

使用本系统首先需要登录，登录界面包含登录功能。如图 4.5 所示。

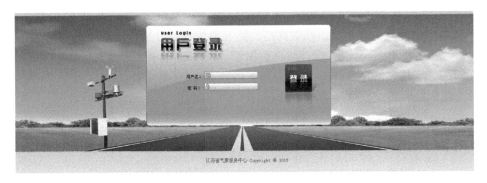

图 4.5　江苏高速公路气象监控及分析系统

登陆后打开系统的主界面。界面的左侧为功能导航栏。如图 4.6 所示。

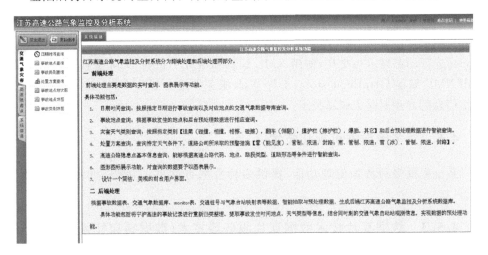

图 4.6　系统主界面

4.7　交通气象灾害模块

交通气象灾害系统功能包括:日期时间查询、事故地点查询、事故类别查询、处置方案查询、事故地点柱状图、事故地点饼图、事故类别饼图。

4.7.1　日期时间查询

查询条件包括:开始日期、结束日期,事故地点、风速范围、温度范围、湿度范围、能见度范围、降雨量范围。查询结果可以 Excel 格式导出。点击 详细记录 可以得到对应事故的全部文档记录。用户也可以再查询结果列表中通过下拉框,实现对结果的再过滤操作。

图 4.7　日期时间查询

4.7.2　事故地点查询

查询条件包括:年度时间段,事故地点、风速范围、温度范围、湿度范围、能见度范围、降雨量范围。查询结果可以 Excel 格式导出。点击 详细记录 可以得到对应事故的全部文档记录。用户也可以再查询结果列表中通过下拉框,实现对结果的再过滤操作。

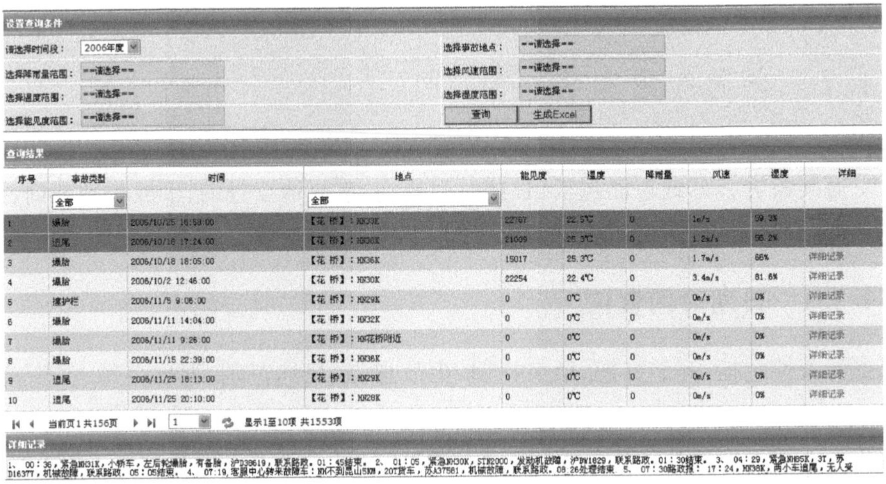

图 4.8　事故地点查询

4.7.3　事故类别查询

查询条件包括:年度时间段,事故类别、风速范围、温度范围、湿度范围、能见度范围、降雨量范围。查询结果可以 Excel 格式导出。点击 详细记录 可以得到对应事故的全部文档记录。用户也可以再查询结果列表中通过下拉框,实现对结果的再过滤操作。

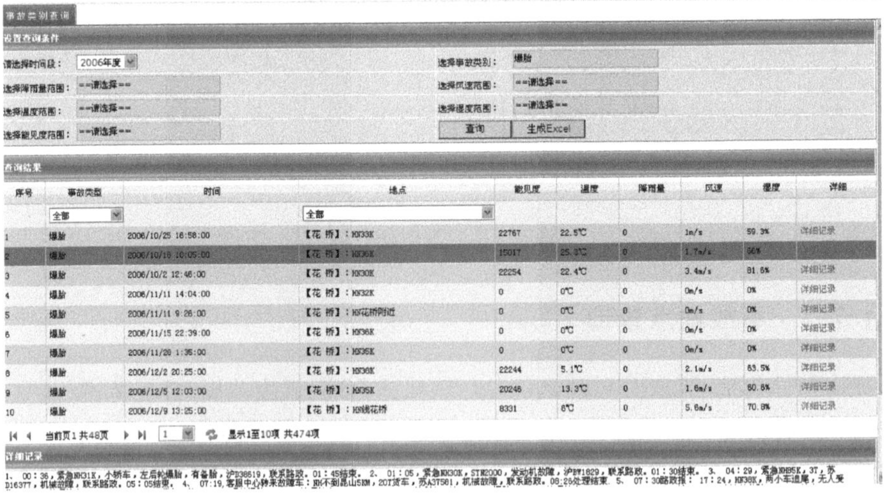

图 4.9　事故类别查询

4.7.4 处置方案查询

查询条件包括:年度时间段。查询结果可以 Excel 格式导出。点击 详细记录 可以得到对应处置方案的全部文档记录。用户也可以再查询结果列表中通过下拉框,实现对结果的再过滤操作。

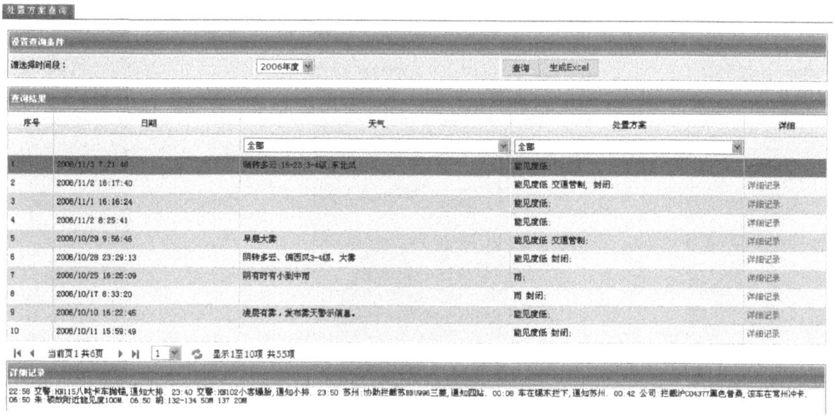

图 4.10 处置方案查询

4.7.5 事故地点柱状图

查询条件包括:开始日期、结束日期,事故地点、风速范围、温度范围、湿度范围、能见度范围、降雨量范围。用户可以点击右侧的图例图标,实现对图的再过滤操作。

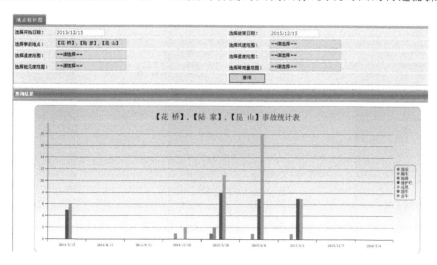

图 4.11 事故地点柱状图

4.7.6　事故地点饼图

查询条件包括：开始日期、结束日期，事故地点、风速范围、温度范围、湿度范围、能见度范围、降雨量范围。用户可以点击右侧的图例图标，实现对图的再过滤操作。

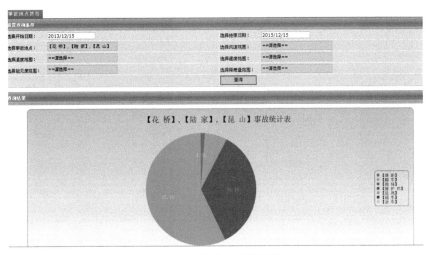

图 4.12　事故地点饼状图

4.7.7　事故类别饼图

查询条件包括：开始日期、结束日期，事故类别、风速范围、温度范围、湿度范围、能见度范围、降雨量范围。用户可以点击右侧的图例图标，实现对图的再过滤操作。

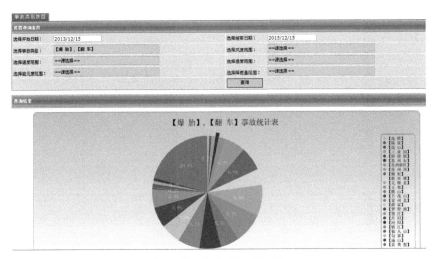

图 4.13　事故类别饼状图

4.8　高速隐患点信息管理模块

4.8.1　隐患点信息管理

实现对高速隐患点的全部信息入库。用户可以通过查询列表的下拉框对查询选项进行再过滤操作。如果该隐患点有事故或灾害记录,在主要灾害或典型事故列会有红色超链接文字显示。点击可以查看记录详情。

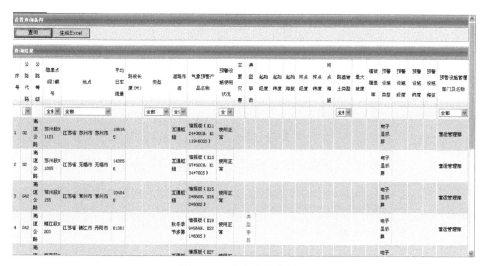

图 4.14　隐患点信息管理

4.8.2　主要灾害

主要灾害截图

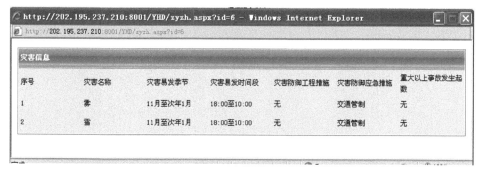

图 4.15　主要灾害

4.8.3　典型事故

典型事故截图

事故信息									
序号	事故发生时间	事故等级	死亡人数	受伤人数	损毁车辆	直接经济损失	路段影响时间	事故主要原因	灾情描述
3	2014.5.22 1 1:20	一般事故	0	1	2				长缓坡导致重载货车爬坡时速度缓慢,容易引发追尾

图 4.16　典型事故

4.9　系统管理模块

该模块包括系统信息、事故表管理、隐患点管理、事故管理、灾害管理、用户管理。

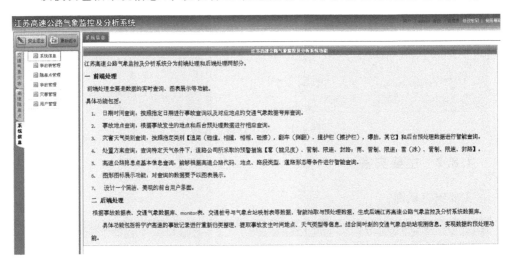

图 4.17　系统管理模块

4.9.1　事故表管理

增加记录1

| 温度： | 湿度： | 能见度： | 风速： | 降雨量： | 路面温度： |

| 时间： | 类型： | 地点： | 详细地点： | 记录： | 增加记录 |

| 序号： | 删除记录 |

事故表结果

序号	类型	时间	地点	详细地点	记录	温度	能见度	湿度	降水量	风速	风向	路面温度	
5825 6	追尾	2015/7/23 13:3 2:00	J012 5	【黄 栗 墅】：KM 1120	交警通知 沪宁(南京)方向K1120,1车道,无人员伤亡。二车追尾;	3 0.1	8321	6 5.5	0	1	235	-999	编辑
5825 7	撞护栏	2015/7/23 10:1 0:00	J010 3	【昆 山】：KD230	视频发现 于沪(上海)方向K230+350,1车道,无人员伤亡,事故车车号 闽KQ5027。货车撞护栏;	2 8.8	3430	8 8.8	29.8	0.7	248	-999	编辑
5825 9	追尾	2015/7/23 9:5 5:00	J012 5	【黄 栗 墅】：KM 1117	交警通知 沪宁(南京)方向K1117,应急车道,无人员伤亡。二车追尾;	3 0.2	9929	6 0.7	0	1.2	235	-999	编辑
5825 9	追尾	2015/7/23 9:3 8:00	J012 5	【黄 栗 墅】：KM 1117	视频发现 沪宁(南京)方向K1117,1车道,无人员伤亡。二车追尾。	3 0.9	7689	6 4.8	0	0.8	235	-999	编辑
5826 1	追尾	2015/7/23 9:3 6:00	J012 5	【黄 栗 墅】：KM 1116	视频发现 沪宁(南京)方向K1116,1车道,无人员伤亡。二车追尾;	3 5.6	7471	6 5.6	0	0.7	235	-999	编辑
5826 1	追尾	2015/7/23 5:4 1:00	J012 4	【汤 山】：KK257	交警通知 沪宁(南京)方向K257+900,应急车道,1人重伤,事故车车号 沪DF8178。两货车追尾,现场有人受伤,需要救护车。	2 4.3	9999	8 7.6	0	1.4	241	28.6	编辑
5826 2	追尾	2015/7/22 0:3 4:00	J012 4	【汤 山】：KK255	交警通知 沪宁(南京)方向K255,应急车道,无人员伤亡,事故车车号 苏ATLZ13。185782289996。轿车货车追尾,无需清障,已移至应急车道;	2 5.2	9999	87	0	0.7	329	27.6	编辑
5826	追尾	2015/7/21 14:0 0:00	J011	【罗 墅 湾】：KM18	司机救助 沪宁(南京)方向K184,应急车道,无人员伤亡,事故车车号 闽BV5937。苏ER99H80。两车追尾,小 货车清除	2 6	4751	6 3	0	5	-999	编辑

图 4.18　事故表管理

4.9.2　隐患点管理

隐患点管理

高速隐患点数据管理

序号	公路代码	公路桩号	隐患点(段)编号	省	市	县	起始桩号	起始里程	起始海拔	终点桩号	终点里程	终点海拔	平均日车流量	路段长度(米)	路段类型	路基土类型	最大坡度	道路形态	道路类型	预警设施完好程度	预警设施经度	预警设施纬度	预警设施两端	气象预警产品名称	预警设施管理部门及名称	预警设施使用状况	操作
1	高速公路	G2 苏州段 K1121		江苏省	苏州市	苏州市							1861 65					互通枢纽	电子显示屏				情报板 (K1124+000N、K1 1194+600 S)	营运管理部	使用正常	编辑 删除 滤镜 增加
2	高速公路	G2 苏州段 K1095		江苏省	无锡市	无锡市							1436 58					互通枢纽	电子显示屏				情报板 (K1097+600N、K1 34+700 S)	营运管理部	使用正常	编辑 删除 滤镜 增加
3	高速公路	G42 常州段 K155		江苏省	常州市	常州市							1049 48					互通枢纽	电子显示屏				情报板 (K1524+ 600N、K16 0+800S)	营运管理部	使用正常	编辑 删除 滤镜 增加
4	高速公路	G42 镇江段 K203		江苏省	镇江市	舟阳市							0136 1					秋冬季节多雾	电子显示屏				情报板 (K1891+ 69N、K22 1+600S)	营运管理部	使用正常	编辑 删除 滤镜 增加
5	高速公路	G42 南京段 K278		江苏省	南京市	南京市							8083 8					互通枢纽	电子显示屏				情报板 (K276+7 50N、K28 34+050S)	营运管理部	使用正常	编辑 删除 滤镜 增加

图 4.19　隐患点管理

4.9.3 事故管理

事故管理

序号	事故发生时间	事故等级	死亡人数	受伤人数	损毁车辆	直接经济损失	除影响时间	事故主要原因	灾情描述	隐患点序号	灾害表序号	操作	增加
1	2013年5月10日2时	轻微	0	0	1		0.6	能见度雾	雾	4		编辑 删除	增加
2	2013年12月9日6时	轻微	0	1	2		0.6	能见度雾	雾	4		编辑 删除	增加
3	2014.5.22 11:20	一般事故	0	1	2			长线被导致载货汽车刹被时速度缓慢，容易引发追尾		8	4	编辑 删除	增加
4	2014.5.27 0:05	一般事故	0	0	2			长线被导致载货汽车刹被时速度缓慢，容易引发追尾		9	5	编辑 删除	增加
5	2014.5.24 13:31	一般事故	0	0	1			弯道横风，速度快时打方向容易引发撞护栏。		10	6	编辑 删除	增加
6	2014.8.5 13:17	一般事故	0	0	1			弯道横风，速度快时打方向容易引发撞护栏。		11	7	编辑 删除	增加
7	2012年4月15日凌晨5时40分	重大事故	12	28			18	团雾	事故发生在沈海高速连云港段由南向北835K—840K约5公里范围内，事发当场2人死亡，3人送医院后抢救无效死亡。截止到2012年4月15日17时共死亡5人，伤11人。	12		编辑 删除	增加
8	2011年12月14日7时	重大事故	2		2	2	1	能见度低	事发前4:17因北河大雾省总队下令锡昌大队在北京方向江阴南主线分流往北车辆，北京方向嘲城枢纽至1065之间有车辆积压，导致北京方向1069+500面包车与客车追尾。	14		编辑 删除	增加
9	2009年11月8日	重大事故	3	1	17		11.1	雾		15	8	编辑 删除	增加
10	2013年6月3日	特大	2	14	37		13.1	雾		16	9	编辑 删除	增加

图 4.20 事故管理

4.9.4 灾害管理

高速隐患点灾害表管理

ID	灾害名	灾害易发季节	灾害易发时间段	工程措施	应急措施	重大以上事故发生次数	隐患点序号	操作	增加
1	雾	11月至次年1月	18:00至10:00	无	交通管制	无	6	编辑 删除	增加
2	雪	11月至次年1月	18:00至10:00	无	交通管制	无	7	编辑 删除	增加
3	雾	11月至次年3月	18:00至次日10:00	无	交通管制	无	7	编辑 删除	增加
4		全年	全时间段	增加减速震落标线，增加提醒标牌"事故多发地段"，增加照明	限速100并增加测速装置	无	8	编辑 删除	增加
5		全年	全时间段	增加减速震落标线，增加提醒标牌"事故多发地段"，增加照明	限速100并增加测速装置	无	9	编辑 删除	增加
6		全年	全时间段	增加减速震落标线，增加提醒标牌"注意横风"	限速100并增加测速装置	无	10	编辑 删除	增加
7		全年	全时间段	增加减速震落标线，增加提醒标牌"注意横风"	限速100并增加测速装置	无	11	编辑 删除	增加
8	雾	1-6月，11-12月	2—5点		情报板提示		15	编辑 删除	增加
9	雾	1-6月，11-12月	2-5时		情报板提示		16	编辑 删除	增加
10	雾	1-6月，11-12月	2-5时		情报板提示		17	编辑 删除	增加

图 4.21 灾害管理

4.9.5 用户管理

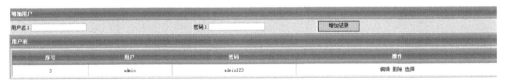

增加用户			
用户名：		密码：	增加记录

用户表			
序号	用户	密码	操作
3	admin	admin123	编辑 删除 选择

图 4.22 用户管理

第 5 章　江苏省交通气象智能终端服务系统介绍

5.1　基本简介

江苏交通气象智能终端服务系统（手机客户端包括 IOS 和 Android 系统）从江苏省交通安全保障工作和实用性出发，采用先进、可靠的技术手段，结合本项目的研究成果和公众气象服务及交通气象预警业务的需求，有效地整合现有气象信息资源及交通信息资源，把气象预报、气象预警、气象服务进行统筹管理，依托精细的地理信息数据、强大的气象数据处理和分析能力，实现气象数据采集、处理、产品制作、交通气象服务信息以及交通气象预警信息统一发布管理一体化，为专业气象预警及服务提供有力支撑，更好地满足专业和公众用户对交通气象的需求。

通过本系统可以查询国内主要高速公路及江苏省内主要公路以及城市的天气实况和预报信息，根据天气情况合理地规划出行。同时，力争通过本项目改变人们对高速公路气象的关注方式：即通过搭载在手机等客户端平台上，实时获取高速公路各路段天气信息，同时对行驶过程中的灾害性天气做出提前判断，减少事故的发生。这种方式的采用也将大大地拓宽服务人群，增加交通气象服务的经济效益。

交通气象手机客户端主要服务对象为手机用户，通过手机软件功能实现使得预警数据到达于最终用户上提供了及时、快捷、方便的效果，为用户提供了基础数据的动态展示。适应目前国内智能手机服务市场发展的形势，满足专业化、精细化的需求，建立起适用于 4G 及下一代网络的智能手机终端的气象信息服务体系。有助于整合已有的各类基础数据资源，并对现有业务成果进行有效地利用，进一步扩大气象部门的专业信息服务能力。

5.2 总体框架的设计

5.2.1 总体框架

江苏省交通气象智能终端服务系统的建设内容,系统由交通气象数据库、中心服务端、手机客户端和信息传输网络构成,总体架构如图 5.1 所示:

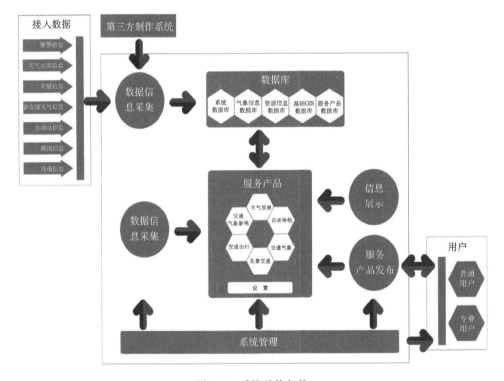

图 5.1 系统总体架构

主要内容包含如下几个方面:

(1)建设交通气象数据库,存储交通地理信息数据、气象基础数据、气象监测数据、行业数据、气象服务产品等相关数据。

(2)建设中心服务端系统,实现气象信息的采集、处理、存储、产品制作、监测报警及发布管理。

(3)建设手机客户端系统,实现基于 GIS 的各类生活气象服务、交通气象服务、气象预警接收、气象灾害防御信息服务等的查询和展示。

5.2.2　各层次的系统的软硬件组成及建设

江苏省交通气象智能终端服务系统各层次分为：基础设施层、数据库层、应用支持层、应用层、表现层五大层次（见图 5.2）。

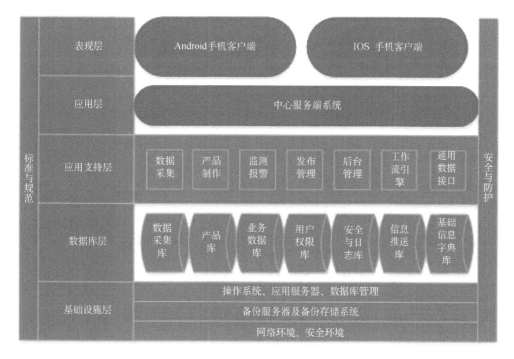

图 5.2　五层框架

（1）基础设施层

通过手机客户端接收应用层推送的各种消息通过客户端的进行信息转换，将各种信息展示给最新信息接收用户中以及数据的返回，为客户端提供信息的访问。

（2）应用层

是以友好的用户界面为用户提供所需的各项应用软件和服务，应用层直接面向客户需求，向企业客户提供业务处理、信息发布等应用。

（3）应用支持层

是用户接口或 Web 客户端与数据库之间的逻辑层，它们通过业务规则（可以频繁更改）完成该任务，并由此被封装到在物理上与应用程序程序逻辑本身相独立的组件中。

（4）数据库层

将各种来源数据保存在数据库中，通过持久化的保存，同时为应用支持层提出数据支持。

(5)表现层

将经过虚拟化的计算资源、存储资源和网络资源以基础设施即服务的方式通过网络提供给用户使用和管理。

5.3　功能结构

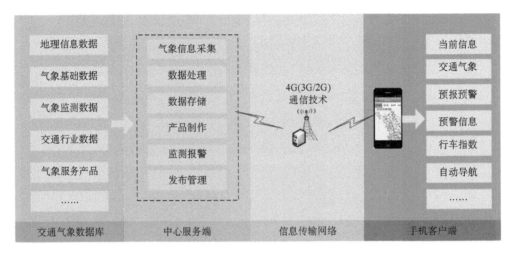

图 5.3　交通气象数据库框架

5.4　技术支撑平台

江苏交通气象智能终端服务系统支撑平台是一个信息的集成环境,是将分散、异构的应用和信息资源进行聚合,通过统一的访问入口,实现结构化数据资源、结构化气象产品、气象网资源、各种应用系统跨数据库、跨系统平台的无缝接入和集成,提供一个支持信息访问、传递、以及协作的集成化环境,实现个性化业务应用的高效开发、集成、部署与管理;并根据每个用户的特点、喜好和角色的不同,为特定用户提供量身定做的访问关键业务信息的安全通道和个性化应用界面,使师生员工可以浏览到相互关联的数据,进行相关的事务处理。

平台安装简单,技术文档齐全。对于简单的应用通过使用系统内置的工具进行配置和管理,就可以直接投入实际使用而不需要编码。平台遵循 SOA 设计理念,集成 ESB 技术,因此更适合于企业级使用。

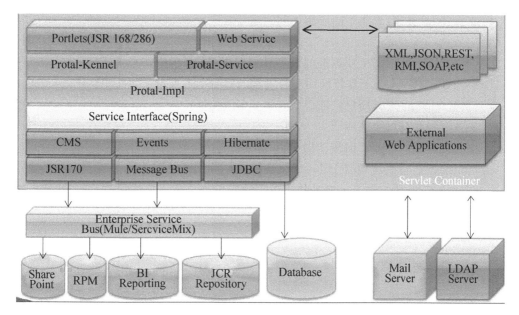

图 5.4　技术架构图

5.4.1　主要特性

运行在大多数主流应用服务器和 Servlet 容器,数据库和操作系统之上符合 JSR-168、JSR-286 标准:

内置 60 多个实用的 Portlet

内置了内容管理器(CMS)

带有协同套件

为所有用户提供个性化页面

提供单一登录接口,多认证模式(LDAP 或 SQL)

管理员能通过用户界面轻松管理用户、组、角色

支持包括中文在内的多种语言

经过严格的安全测试

5.4.2　技术架构

面向服务(SOA)——应用了 SOA 设计理念为企业应用提供了扩展 SOA 的工具和框架。

提供可插入 ServiceMix ESB,也支持 Mule ESB。

支持工作流技术,集成 jBPM 工作流引擎。

支持 Web 服务,简化不同应用之间的通信联系。

支持 AJAX 技术

安全性——使用了工业标准的政府级加密技术如 DES、MD5 和 RSA。

单点登录(SSO)——支持使用耶鲁大学的 CAS、SUN 的 JAAS、LDAP、Netegrity、微软 Exchange 进行用户验证。缺省集成了 CAS。

支持群集和高可靠性应用。

支持对静态内容的页面缓冲提高了 Web 性能。

DB 无关性:适用于所有 Hibernate 支持的关系数据库。

缓冲技术:利用渲染显示缓冲技术改善性能。

群集能力:支持群集功能。

热部署:适应自动动态部署特性。

5.4.3　支持标准

AJAX

iCalendar & Microformat

Portlet 技术规范和 API 1.0(JSR-168)

Portlet 技术规范和 API 2.0(JSR-286)

JSR-127

Java 内容存储 API(JSR-170)

Java Server Faces(JSF)1.2(JSR-252)

Java Management Extension(JMX)1.2

远程 Portlet 的 Web 服务(WSRP)1.0

OpenSearch

JSON

Hessian

Burlap

REST

RMI

WebDAV

5.4.4　使用技术

Apache ServiceMix

ehcache

Hibernate

ICEfaces

Java J2EE/JEE

jBPM

Jgroups

jQuery java script Framework

Lucene

MuleSource ESB

PHP

Ruby

Seam

Spring & AOP

Struts & Tiles

TapestryVelocity

5.4.5　主题和外观

使用 CSS 部件部署 Portlet 和页面样式

可配置的 CSS 页面外观

易于切换的主题和外观：包含图片的新主题和外观可以 WAR 包形式部署。

灵活的开发接口：主题和外观接口 API 能够把业务层和展示层分离。

按页面定义外观：不同的页面可以使用不同的外观样式。

可定制 Portal 页面

拖拉式移动 Portlet

5.4.6　用户和群组功能

用户注册和验证：可配置的注册参数允许使用电子邮件地址验证用户。

用户登录：可以使用 Servlet 容器进行身份认证。

建立和编辑用户样式：管理员能够建立和编辑用户的样式。

建立和编辑角色：管理员能够建立和编辑角色。

角色分配：管理员能够给用户分配角色。

5.4.7　权限管理

可扩展的访问许可接口：允许根据角色定义配置 Portlet 的访问许可。

管理接口：允许在任何时候把部署的 Portlet、Portal 页面或 Portal 实例的访问许可分配给角色。

5.4.8　内容管理

兼容 JCR 规范:使用 Apache Jackrabbit 内容管理器。

支持数据库或文件系统存储能力:可配置使用文件系统或关系数据库来存储 Portal 内容。

支持外部内容功能:可以配置使用文件系统存储大量内容,而内容节点、引用和属性则保存在关系数据库中。

5.4.9　最小系统要求

JDK 1.5 以上
内存 16G DDR3 以上
硬盘 500G 空间
CPU 3.4GHz 主频

5.4.10　支持的数据库系统

缺省配置使用 Derby 数据库,支持任何符合 JDBC2.0 驱动器规范的数据库:
IBM DB2
Informix
InterBase
MySQL
ORACLE
SAP
SQL Server
Sybase

5.4.11　支持的应用服务器

Tomcat 5.5.x/6.0
Apache Geronimo 1.1
Sun GlassFish 2.0
Jboss 4.x
ORACLEAS 10.1.3
SUN JSAS 8.01
WebLogic 8.1 SP4,9.2
WebSphere 5.1,6.0.x

Apusic 应用服务器 V5.0/6.0

5.4.12　支持的操作系统

AIX
LINUX
SOLARIS
WINDOWS
MAC OS

5.5　跨平台应用

江苏交通气象智能终端服务系统支撑平台整体采用 Java 为核心技术,由于 JVM 规格描述具有足够的灵活性,这使得将字节码翻译为机器代码的工作具有较高的效率。对于那些对运行速度要求较高的应用程序,解释器可将 Java 字节码即时编译为机器码,从而很好地保证了 Java 代码的可移植性和高性能。

Java 跨平台的原理

Java 字节码的两种执行方式

(1)即时编译方式:解释器先将字节码编译成机器码,然后再执行该机器码。

(2)解释执行方式:解释器通过每次解释并执行一小段代码来完成 Java 字节码程序的所有操作。

按照江苏交通气象的气象的及时性与特殊性,采用的是第二种方法。由于 JVM 具有足够的灵活性,这使得将字节码翻译为机器代码的工作具有较高的效率。对于那些对运行速度要求较高的应用程序,解释器可将 Java 字节码即时地编译为机器码,从而很好地保证了 Java 代码的可移植性和高性能。

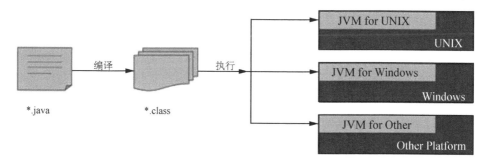

图 5.5　Java 跨平台设计图

5.6 数据接口

5.6.1 数据接口分析

江苏交通气象智能终端服务系统采用 Web service 作为数据采集、数据通信的主要接口，根据目前气象局的报文、通信等情况 Web service 更能符合整体建设方案的兼容性。Web service 是一个平台独立的，低耦合的，自包含的、基于可编程的 web 的应用程序，可使用开放的 XML（标准通用标记语言下的一个子集）标准来描述、发布、发现、协调和配置这些应用程序，用于开发分布式的互操作的应用程序。

采用 Web Service 技术，能使得运行在不同机器上的不同应用无须借助附加的、专门的第三方软件或硬件，就可相互交换数据或集成。依据 Web Service 规范实施的应用之间，无论它们所使用的语言、平台或内部协议是什么，都可以相互交换数据。因此 Web Service 集成提供了一个通用机制可作为数据接口方案首选。

5.6.2 数据接口设计

（1）文档交换

文档交换方式采用 RPC 模式，相比较在 XML 文件中不是做远程方法的映射，而是一份完整的自包含的业务文档，当 Service 端收到这份文档后，先进行预处理（比如词汇的翻译和映射），然后再构造出返回消息。这个构造返回消息的过程中，往往不再是简简单单的一个方法调用，而是多个对象协同完成一个事务的处理，再将结果返回。

（2）安全

消息数据加密（XML Encryption）数字签名（XML－DSIG）底层架构利用应用服务安全机制

由于传输时的安全是最容易被加入到你的 Webservice 应用中的，利用现有的 SSL 和 HTTPS 协议，就可以很容易地获得连接过程中的安全。

按照消息数据加密原则，设计中采用消息本身的保护与底层架构的安全两种方式。

对于消息本身的保护。可以使用已有的 XML 安全扩展标准，实现数字签名的功能，从而保证你的消息是来自特定方并没有被修改过。XML 文件的加密技术从更大程度上加强了 Webservice 的安全，它能够定制数据传输到后，能否被接受者所查看，进一步完善了传输后的安全。

底层架构的安全，这更多的来自于操作系统和某些中间件的保护。比如在 J2EE 中，主持 Webservice 的应用服务器。目前很多的 J2EE 应用服务器都支持 Java Authentication and Authorization Service (JAAS)，这是最近被加入到 J2SE 1.4 当中的。利用主持 Webservice 的服务器，实现一些安全机制这是很自然的做法。另一种利用底层架构的安全方法就是，做一个独立的负责安全的服务器，Webservice 的使用者和创建者都需要与之取得安全信任。

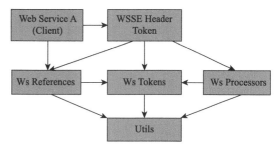

图 5.6　Web service 设计图

5.7　并发方案

5.7.1　部署架构

使用 lvs＋keepalive 实现集群高可用，达到更健壮的 LB。

前端使用 lvs 来做负载均衡，根据 lvs 的 8 种调度算法（可设置），分发请求到对应的 web 服务器集群上。Lvs 做双机热备，通过 keepalived 模块能够达到故障自动转移到备份服务器，不间断提供服务。

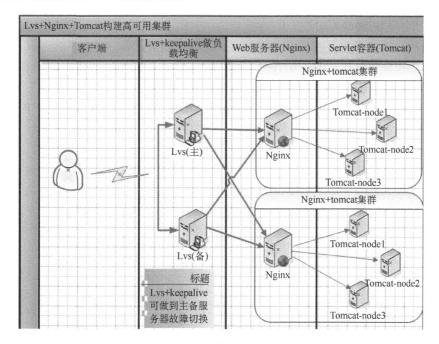

图 5.7　部署架构图

表 5.1　用户级别

用户	应用服务器	数据库服务器	缓存服务器	备份服务器
0—10w	1	1	1	1
10—20w	2	1	1	1
20—30w	2	2	1	1
30—40w	3	2	1	1
40—50w	3	2	1	2

5.7.2　备份方案

服务器备份

快照备份:服务器每块磁盘每日凌晨 1:00 自动生成快照文件,后期根据需要进去选择还原。

增量备份:根据 centos 内核 rsync 处理机制,对指定管理目录进去实时异地同步备份。

主备:High Availability,HA。通过尽量缩短因日常维护操作(计划)和突发的系统崩溃(非计划)所导致的停机时间,以提高系统和应用的可用性。它与被认为是不间断操作的容错技术有所不同。HA 系统是目前企业防止核心计算机系统因故障停机的最有效手段。

数据库备份

采用 oracle 数据库,应用 RAC＋Dataguard。RAC 保证可用性,Dataguard 在 RAC 组独立磁盘上和另外一台主机上,保证可靠性。

RAC 服务器共用一套存储,同时提供服务,宕一个其他的可以继续服务。RAC 要求的技术含量更高,需要购买 oracle 服务。

Data guard 完全两套系统,存储是单独的,用日志同步。出于容灾的目的。是主数据库的备用库(standby 库)通过自动传送和接受 archivelog,并且在 dataguard 库自动 apply 这些 log,从而达到和主数据库同步的目的,可能 dataguard 库是建立在异地的,当主库所在的区域出现了致命性的灾难时(火灾、地震等),主库没法修复时,这时可以切换 dataguard 为主库的模式,对外提供服务,而它的数据基本是当前最新的。

5.8　功能模块设计

5.8.1　中心服务端

采用专用的数据终端做数据采集的基础数据采集端口,数据采集功能以端口扫描的方式进行管理。通过读取数据文件中的数据块,大大提高数据的整体访问效率,与传统相比内存的速度比读取磁盘的速度快很多。数据采集按照配置式采集模式,随系统启动完成自动进入采集模式,用户只需要对采集规则配置一次,不需要关心采集过程,全程由系统自动化处理,整个采集过程分为"四部一机","四部"为数据采集、数据分析、数据处理、数据存储四个部分,"一机"为数据异常响应机制。整个采集过程采用多进程、多线程及数据加密、读、写分离方式来处理,以保证数据采集的即时性、独立性、稳定性、完全性。

如果出现单次或多次采集失败,则系统会自动报警并生成相关的错误日志,系统自动启用数据异常响应机制对数据进行处理,当出现断电、断网一些特殊情况,系统将于信息列队方式,对异常情况进行保存,待恢复后,自动从新进行采集处理,全程不需要人工干预,同时也提供人工进行处理,手动添加和调整、导入方式处理数据缺漏的情况。

5.8.1.1　数据采集

功能设计

数据采集系统在启动完成时自动进行采集,按照用户预先配置的各服务产品的规则,系统默认每 15 秒(采集频率)会自动进行预报产品、决策服务产品、灾情信息、预警信号、实时观测和探测数据、历史数据、文字产品、社会经济信息、行业信息、防灾减灾、科普资料数据采集任务。其中采集时间、采集周期、采集频率、采集状态均由用户自行定义,并提供立即生效与定时生效两种模式。

采集满足各种接口,提供 WebSerivce、FTP、数据库采集(各种数据库)三种方式,通过配置方式实现多个数据采集的配置,同时满足对外网的其他数据来源进行高效、稳定的服务。

数据采集流程

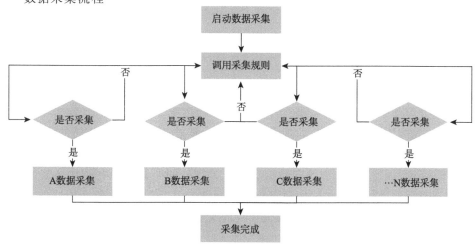

图 5.8　数据采集流程设计图

5.8.1.2　数据分析

功能设计

分析系统在数据采集完成时,系统自动启动分析任务对已采集完成的数据进行校验,重点对数据的完整性、有效性进行分析。完整性通过对数据采集形成临时数据文件,按照数据源文件的大小进行对比。有效性方面按照时间对比方式对数据源文件的产生时间与系统当前时间进行对比,采集后的数据与源数据文件完整性、有效性的达到完全一致才能通过校验。完成后自动对采集文件按照产品分类规则(用户自定义)进行分类临时保存。

数据分析流程

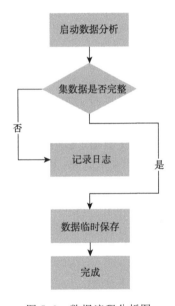

图 5.9　数据流程分析图

5.8.1.3　数据分析交互设计图数据处理

功能设计

数据处理子系统将数据采集子系统采集到的数据采用主动获取数据方式对数据,按照预先配置的处理规则、处理类型对采集数据进行分解处理,支持的数据包括:txt、Excel、word 及数据库文件等多种格式。自动对数据中自动站、区域站、气压、温度、湿度、降水、风速、PM2.5 等多种信息进行处理。同时还可对数据中各要素需与其他图形类数据进行合并加工处理直接形成服务产品,或通过数据直接处理为表格类、图形类、文字类(按照规则获取预先设置的文字)数据(见图 5.10)。

数据处理流程

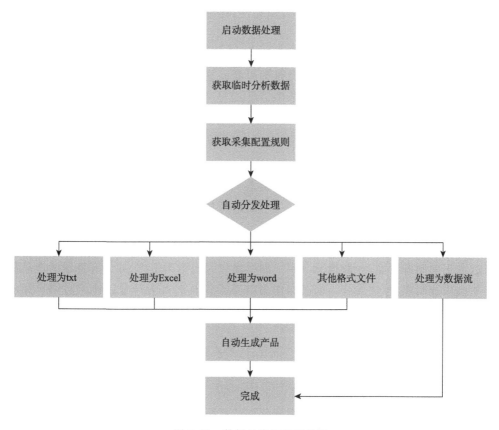

图 5.10　数据处理流程设计图

5.8.1.4　数据存储

功能设计

实现预警信息及相关信息的存储。包括数据的入库、自动追加和更新入库功能，保证数据能够准确及时地入库，并能进行删除、修改等操作，实现数据的查询检索和数据的统一管理。

数据存储系统将数据处理完成后的数据自动保存、更新至数据库中，同时实现预警、监测、产品制作、产品发布、系统日志等相关的所有数据准确及时存储。

数据存储页面采用上下两个部分展示，上部按照表格对采集数据按照各要素、时间段进行排列，提供查询、删除、修改操作。下部按照每日新增数据的柱状图，通过柱状图可直观反映每日增量帮助用户快速了解每日数据采集量。

查询：采用文本框智能模糊查询，如：输入"实"下拉框自动匹配提示，自动显示数据类型名称中包含"实"的"实况天气"、"实况交通"等。

删除:用户可以对查询后的内容或直接对当前分页中的数据进行勾选或全选删除,该删除为逻辑删除,为保证数据可恢复性,删除后页面数据会自动异步刷新并不再显示。

修改:用户只能对表格中单条进行修改,点击"修改",通过页面跳转进入修改页面,修改完成后数据通过数据库进行自动更新。完成后自动返回,其他用户在查询、查看该条记录时,都会同步为最新数据信息。

5.8.1.5 产品制作

图形产品制作

图形产品制作实现图形产品根据查询出的实况数据信息选择相应的模板制作出对应的图形化产品,产品制作过程不需要人工或只有少量人工干预。图形产品制作采用模板配置的方式进行模板管理,与产品类型相关联,图形产品制作过程中产生的相关信息在数据库中进行保存。

设计思路:首先用户需要通过图形产品树形菜单,选择相应制作图形产品分类节点进入不同制作页面,一般情况下用户制作优先完成当天工作,如果有补录的产品制作才会后续制作,可优先将当前制作作为首要工作其次再为补录制作。当用户完成制作后,系统自动对产品进行分类处理与保存,并给予相应的提示保存是否成功,最大程度提高用户的交互体验。

功能设计:图形产品制作提供产品成品、半成品的修改与产品制作功能(含查询、删除)。根据图形产品形成规则,系统自动对实况数据进行加工(根据不同产品的计算公式,形成计算模型,通过模型进行演算形成),因系统无法全部加工为产品成品时,系统会对不同的图形产品关于图标化形式进行提示,用户只需对半成品进行人干预完成即可。对完成无法干预的产品也提供在线制作的方式完成(满足 word、文本在线制作,文字转语音三种方式),不需要用户在第三方软件上进行在线制作或对产品进行上传。在线制作提供模板配置方式,每个用户实现独立模板并对自己的模板进行管理。图形产品按照图形产品名称、种类、更新时间、制作人多个要素进行查询。产品展示方式为表格形式,并对各产品的按照产品要素及用户指定方式(含不同用户)形成产品情况图(曲线图、分布图)。

制作中提供临时保存功能,避免重复工作,为用户下次制作更快捷、方便。

制作完成后(含系统自动完成)通过发布策略管理,平台自动判断产品所属发布对象,将产品发布到手机客户(或任意客户端)端中。

预报预测产品

预报预测产品是基于国家气象预报指导体系的业务系统,把基础预报产品通过数据采集的形式进入产品数据库作为基础数据支撑,进行加工制作的公众气象服务产品。

设计思路:首先用户需要通过预报预测产品树形菜单,选择相应制作预报预测产品分类节点进入不同制作页面,一般情况下用户制作优先完成当天工作,如果有补录的产品制作才会后续制作,可优先将当前制作作为首要工作其次再为补录制作。当用户完成制作后,系统自动对产品进行分类处理与保存,并给予相应的提示保存是否成功,最大程度提高用户的交互体验。

功能设计:预报预测产品提供对已采集的国家气象预报指导体系产品(基础预报产品)的修改与制作功能(含查询、删除)。根据预报预测产品形成规则,系统自动对基础预报产品数据进行加工(根据不同产品的计算公式,形成计算模型,通过模型进行演算形成)。因系统无法全部加工为产品成品时,系统会对不同的图形产品关于图标化形式进行提示,用户只需对半成品进行人干预完成即可。对完成无法干预的产品也提供在线制作的方式完成(满足 word、文本在线制作,文字转语音三种方式),不需要用户在第三方软件上进行在线制作或对产品进行上传。在线制作提供模板配置方式,每个用户实现独立模板并对自己的模板进行管理。预报预测产品按照产品名称、种类、更新时间、制作人多个要素进行查询。产品展示方式为表格形式,并对各产品的按照产品要素及用户指定方式(含不同用户)形成产品情况图(曲线图、分布图)。

制作中提供临时保存功能,避免重复工作,为用户下次制作更快捷、方便。

制作完成后(含系统自动完成)通过发布策略管理,平台自动判断产品所属发布对象,将产品发布到手机客户(或任意客户端)端中。

专业服务产品

结合交通路况信息,形成道路交通天气实况服务、短途导航气象服务、长途导航气象服务等专业气象服务产品。

设计思路:首先用户需要通过预报预测产品树形菜单,选择相应制作预报预测产品分类节点进入不同制作页面。用户在制作专业服务产品时因其针对的不同行业有一定区别,同时又必须满足用户的体验性,采用同一页面制作,用户通过下拉框选择不同行业,制作内容根据选择项进行不同的切换。当用户完成制作后,系统自动对产品进行分类处理与保存,并给予相应的提示保存是否成功,最大程度提高用户的交互体验。

功能设计:专业服务产品制作分修改与制作功能(含查询、删除),提供对已采集的交通路况信息,根据道路交通天气实况服务、短途导航气象服务、长途导航气象服务的产品规则系统自动对基础预报产品数据进行加工(根据不同产品的计算公式,形成计算模型,通过模型进行演算形成),因系统无法全部加工为产品成品时,系统会对不同的图形产品关于图标化形式进行提示,用户只需对半成品进行人干预完成即可。对完成无法干预的产品也提供在线制作的方式完成(满足 word、文本在线制作,文字转语音三种方式),无需用户在第三方软件上进行在线制作或对产品进行上传。在线制作提供模板配置方式,每个用户实现独立模板并对自己的模板进行管理。专业服务产品按照产品名称、种类、更新时间、制作人多个要素进行查询。产品展示方式为表格形式,并对各产品的按照产品要素及用户指定方式(含不同用户)形成产品情况图(曲线图、分布图)。

制作中提供临时保存功能,避免重复工作,为用户下次制作更快捷、方便。

制作完成后(含系统自动完成)通过发布策略管理,平台自动判断产品所属发布对象,将产品发布到手机客户(或任意客户端)端中。

生活指数产品

根据天气与各种生活指数的关系,结合交通信息,在产品属性中设置和生活气象指数相关的指数。如交通出行指数、路况指数、洗车指数、人体舒适度、穿衣指数、紫外线指数、中暑指数等,制作出生活气象指数预报产品。

设计思路:首先用户通过点击生活指数功能模块,进入制作页面。用户在制作专业服务产品时因其针对的不同行业有一定区别,同时又必须满足用户的体验性,采用同一页面制作,用户通过下拉框选择不同行业,制作内容根据选择项进行不同的切换(如选择洗车指数、紫外线指数等)。当用户完成制作后,系统自动对产品进行分类处理与保存,并给予相应的提示保存是否成功。制作后的信息在功能首页进行刷新显示。

功能设计:生活指数产品制作分修改与制作功能(含查询、删除),根据天气与各种生活指数的关系,结合交通信息,生活指数主要包含常规的穿衣指数、人体舒适度、路况指数、行车指数、洗车指数、饮料指数、晨练指数、旅游指数感冒指数、中暑指数、舒适度指数、霉变指数、行驶指数、仓库火险指数、城市火险指数等常规指数类产品。

生活指数按照不同的指数类产品规则系统自动对基础预报产品数据进行加工(根据不同产品的计算公式,形成计算模型,通过模型进行演算形成),用户只需对不同等级的指数预先设定各等级的文字说明即可,系统自动根据计算结果调用其最终等级发布要素,同时用户可对已形成的发布要素进行修改。修改后系统自动针对不同等级指数进行示意图的判断,匹配相应等级的示意图。

制作中提供临时保存功能,避免重复工作,为用户下次制作更快捷、方便。

制作完成后(含系统自动完成)通过发布策略管理,平台自动判断产品所属发布对象,将产品发布到手机客户(或任意客户端)端中。

预警信息产品

建立预警信息的统一模板,形成预警信息发布单,以文本编写方式制作灾害性天气预警信息,具备提供历史预警预报发布数据的自动归档、查询功能。

设计思路:首先用户通过点击生活指数功能模块,进入制作页面。采用同一页面制作,用户通过下拉框选择不同行业,制作内容根据选预警等级、预警等级。当用户完成制作后,系统自动对产品进行分类处理与保存,并给予相应的提示保存是否成功。制作后的信息在功能首页进行刷新显示。

功能设计:预警信息产品提供统一模板,模板配置有管理员进行管理,同时对预警信息产品进行 4 级分类,按照一般(Ⅳ级)、较重(Ⅲ级)、严重(Ⅱ级)和特别严重(Ⅰ级)四级预警 4 个级别,提供在线制作的方式完成(满足 word、文本在线制作,文字转语音三种方式),用户可根据预警信息产品按照产品名称、等级、更新时间、制作人多个要素进行查询(含历史查询),并根据产品归档规则,对历史较长的数据进行自动归档,形成历史档案。

制作中提供临时保存功能,避免重复工作,为用户下次制作更快捷、方便。

制作完成后(含系统自动完成)通过发布策略管理,平台自动判断产品所属发布对象,将产品发布到手机客户(或任意客户端)端中。

5.8.1.6　监测报警

设置监测信息的报警规则,当实况要素值到达临界值后,系统会触发临界报警功能。报警触发后,启动两种处理流程:一是自动给值班人员发报警短信;二是经过审核人员审核确认报警信息后,通过发布管理模块将报警信息推送到手机客户端,实现向公众的发布。

设计思路:首先用户通过点击生活指数功能模块,进入制作页面。采用同一页面制作,用户通过下拉框选择不同行业,制作内容根据选预警等级、预警种类(风、雨、雪、雷电要素等)。因该功能为监测为主通过阈值形式对实况数据进行监测并能对监测进行"开""关"。

功能设计:监测报警提供所有或用户自定义实况要素的临界值设置,根据不同天气要素、等级、严重情况的规则,系统自动根据监测阀值管理中,监测要素、阀值点 2 大判定条件进行定时报警,当监测信息到达阀值时,系统根据用户自定义报警方式触发报警(提供中心端报警:语音报警、文字走马灯报警、提醒式报警,通讯及其他报警:短信、传真、邮件、LED 显示屏、门户网站和移动终端),同时满足流程审批式报警发布,系统自动将信息发送审核人(满足多级审核),审核通过后自动反馈系统并自动发布。所有报警及审批、发布均可追溯。

5.8.1.7　发布管理

实现各类交通气象服务产品、生活气象服务信息、气象预警信息及相关资讯向手机客户端的发布及推送。

信息发布管理

设计思路:主要对信息发布进行一键式管理,用户可以根据发布内容进行增、删、改、查。同时对因各种因素导致信息发布失败或中断给予提示。

功能设计:信息发布管理实现统一对所有手机端进行信息发布及推送,并按照发布时间、发布类型、发布人,资讯名称以列表方式进行查询,并以表格方式进行展示,因发布具有不可撤回性,只能对未发布状态的信息进行删除。

未能发送成功的资讯(产品)进行报警,并将未能发送成功的产品信息记录到历史产品列表中,显示失败详细信息,方便用户重新发送(默认为系统会自动再次补发,用户可以自定义发布次数,发布间隔时间,发布成功后系统不再发布)。

系统需要与各个发送平台连接,用于发送信息。将根据发送平台的接口设计,确保与各个发布平台信息传输的畅通。

　　通过邮件、短信发送的产品需要可以获取用户的回执信息,获取用户的打开情况
(如:信息反馈图)。

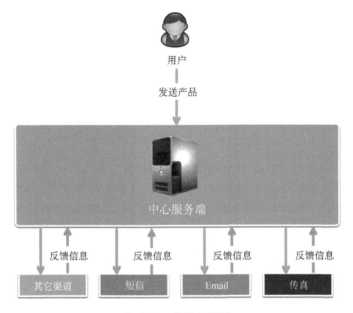

图 5.11　信息反馈图

发布策略管理

　　服务产品发布前由发布人员确定产品的发布策略,包括发布规则、发布对象、时
效性等。发布策略管理提供服务产品发布之前的匹配分拣能力;实现不同服务产品、
发布内容的维护工作。

　　设计思路:主要对信息发布规则、对象、实效进行配置,通过规则对发布对象进行
动态选择,每一个发布规则代表一个或多个产品发布到一个用户群中,通过自定义化
的方式来实现。

　　功能设计:用户自定义发布规则手机客户端对接,实现信息的互联互通,接收中
心服务端发布策略管理提交的信息发布请求,通过渠道进行下发。接收相关渠道的
发布反馈,对下一步的服务产品拓展提供支撑。

　　整体功能页按照隐藏式表格进行上下布局排列,主要包括发布产品、发布时间、
接受用户组三大部分。

　　发布信息分为两种方式,一种为产品发布、另一种为信息发布。产品发布通过点
击"选择"以弹出层方式,用户通过勾选树形方式产品(含产品每个不同制作的产品)
确定发布内容。信息发布用户只填写相关发布内容(或采用默认发布内容)即可进行
信息的发布。

　　接受用户组针对该发布产品或信息发布内容接受对象选择,用户通过点击"选择"以弹出层方式,用户通过勾选、添加用户方式确定接收对象集合。

　　发布策略流程如下:

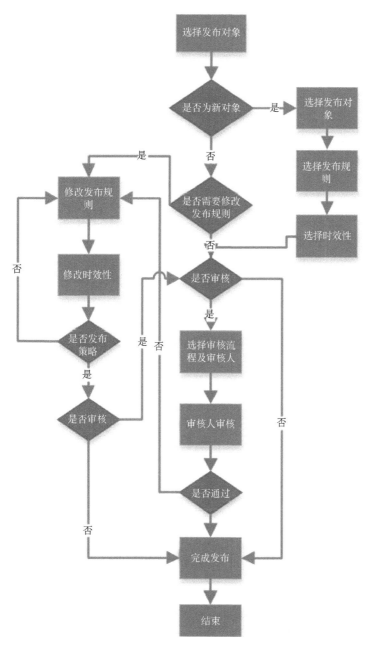

图 5.12　发布策略流程图

发布日志管理

发布日志记录服务及信息发布状态反馈。如：发布状态判断发布成功与否，若未发布成功则反馈哪些用户没有发布成功。

设计思路：将所有发布管理中，将发布可能会遇到问题进行分类，系统自动将各种问题记录在一个日志表中，同时用户可以根据发布日志管理删、查管理日志记录。

功能设计：对产品发布后全自动智能判断是否成功、用户是否查看（目前只提供手机端、PC端支持），该日志按照列表方式采用默认10行（用户可以自定义每页显示行数）方式显示，提供操作人、发布时间、是否成功、IP地址、发布次数多要素的分页展示（同一发布默认展示为一条信息，用户可点击查看详情，展示更全部要素查看，按照流水表方式进行时间倒序排序及用自定义排序），对于产品制作中发布异常的发布采用红色文字或自定义方式给予突出显示。每个时间段个产品发布按照峰值能实现3d统计图，为管理层事实掌握各产品发布集中度及时段分布信息。为产品发布时间优化提供依据。并提供日志Excel、PDF数据导出。

接收用户管理

设计思路：将信息接收用户按群组的方式进行管理，建立起不同发布对象的多个群组用户。一个用户可以存在多个群组中，但一个用户和一个群组只可能是一种发布对象。

功能设计：页面按照表格方式对用户管理进行展示，提供增、删、改、查功能。所有用户数据来源通过"用户管理"数据，用户添加页面采用多页标签方式分为用户组管理。用户组管理添加按照文本框方式进行输入，每个用户在输入时，系统自动判断该输入内容是否存在，若存在系统进行提示。通过行业或单位方式对用户组进行树形勾选添加，通过输入用户组名称对用户组进行分组话管理与区分，形成对发布策略中用户选择进行快速选择的支持，如图5.13。

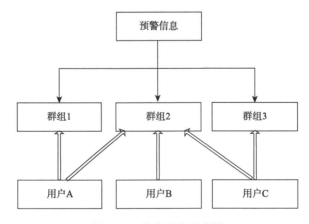

图5.13　接收用户示意图

所有接收用户可以实现通过 excel 文档进行导入和导出功能,用户可以对群组进行停用、启用、删除、增加等常规的操作。

5.8.1.8　设备监控

设计思路:利用图形画的内容,按照用户使用中的服务局布局展示各服务器的 CPU、内存、硬盘、网络连接、网络流量实时使用情况,使用峰值及其发生时间。各设备出现负荷(或用户自定义阀值)给予报警提示(同时满足 Email、短信、电视监控)。用户点击对应服务器即可查看当前服务器状况,为管理员进行设备管控提供依据。

功能设计:通过 Java 脚本文件放入被监控的任意盘符(路径不能使用中文),通过系统程序调用该脚本,实时获取 CPU、内存、硬盘、网络连接、网络流量实时使用情况,主要通过脚本调用 Linux 或 Windows 系统监控信息。通过网络传回到系统的数据分析引擎,引擎通过数据整合与转化,形成动态图像化图像,将各系统部件的运行状况直观展示给管理员。

如下图:

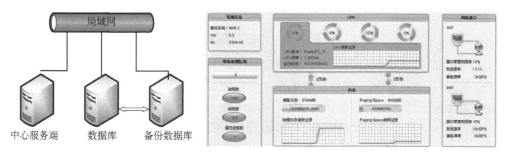

图 5.14　设备监控图

5.8.1.9　统计分析

设计思路:统计分析提供按各产品同比、环比、增量、要素最大、小值、平均值、产品发布数多种要素(用户可对其他要素统计)按月、日、旬、年、多个维度进行分析,并按照列表方式进行分页显示(用户可以自定义每页显示行数),形成统计分析表(含图),为领导层提供决策提供支撑。

功能设计:通过用户不同的个性化报表需求,进行定制化开发,通过 SQL 语句形成存储过程提供海量数据查询形成报表,用通过不同维度的要素传递到后台作为存储过程的变量参数,通过查询数据结果,后台 Java 数据分析引擎对数据进行图像化量化转化形成不同组装图、曲线图等,用户通过不同标签进行不同图形的转换查看,同时该报表提供导出功能,按照预先程序设定的 Excel、PDF 两种方式下载文件。

5.8.1.10　日常工作

设计思路:管理人员对服务产品制作人安排每日、每周、自定义事件段的日常工作安排,相关制作人员登录中心服务端后,通过该功能查看当日、每周的工作安排,制作人员根据相关任务安排,完成相关任务,该任务全程采用智能监控模式不需要人工进行干预,制作人员在规定时间内未完成或完成该项工作,任务发布人员及制作人员均能得倒反馈,在制作中超过发布人规定时间在任务栏中采用红色字体给予提示。如下图:

	工作事项	周期	处理人	完成时间	当前状态	超时时间
①	图形产品制作	周一	制作人员	10:00前	未完成	未超时
②	预报预测产品制作	周一	制作人员	16:00前	未完成	2:10
③	专业服务产品制作	周一	制作人员	16:00前	未完成	2:10
④	生活指数产品制作	周一	制作人员	16:00前	未完成	2:10
⑤	预警信息产品制作	周一	制作人员	16:00前	未完成	2:10
⑥	图形产品制作	周一	制作人员	08:00前	完成	2:10
⑦	预报预测产品制作	周一	制作人员	08:00前	完成	2:10

图 5.15　日常工作设计图

功能设计:通过系统用户账户的岗位识别,当用户为领导时(根据气象局实际岗位或权限)可通过日常工作对不同预报员的每天工作进行安排,所有用户均通过点击日常工作导航栏进入该功能页面,但不同用户进入的页面不同。

领导用户页面提供增、删、改、查功能,页面按照表格方式对任务管理分页展示。所有用户数据来源通过系统用户添加,工作任务来源按照系统功能中"产品制作"菜单进行树形勾选展示。

普通用户(预报员)点击"日常工作"功能,即可查看当前工作内容,按照表格方式对"工作事项"、"周期"、"处理人"、"完成时间"、"当前状态"、"超时时间"要素进行依次排列。其中"超时时间"按照系统动态时间方式对任务发布时间与"完成时间"的差值计算,得出"超时时间",如果超时,页面采用红色字体提醒普通用户(预报员),当前状态判断依据为未超时或完成显示为黑色,反之为未完成。

5.8.1.11　系统日志

数据采集日志

设计思路:将所有数据采集功能中可能会遇到问题进行分类,系统自动将各种问题记录在一个日志表中,同时用户可以根据发布日志管理删、查管理日志记录。

功能设计:用户可以通过按时间、用户来进行系统操作日志的查询,展示出不同阶段采集中的所有步骤、是否成功、失败原因、是否处理、处理时间。日志数据采集技术进行简单分析形成日志分析图并提供历史同比信息,对各种要素、所占比例形成直观的图形化分解。用户可选择时间段(默认按照时间降序排序)、是否成功、处理时间要素进行查询,并提供日志 Excel、PDF 数据导出,实现对所有数据采集实现全程可追溯。

产品制作日志

设计思路:将所有产品制作功能中可能会遇到问题进行分类,系统自动将各种问题记录在一个日志表中,同时用户可以根据发布日志管理删、查管理日志记录。

功能设计:对产品制作中所有产品的详细步骤,其中实现任何产品制作中的修改进行记录,通过制作前与制作后的详细智能分析对比,满足对文字、图片、符合及特殊字符的完全对比。

按照操作人、操作时间、是否成功、IP 地址多要素的分页展示,按照列表方式采用默认 10 行(用户可以自定义每页显示行数)方式显示,对于产品制作中发布异常的数据采用红色文字或自定义方式给予突出显示(同一产品制作默认展示为一条信息,用户可点击查看详情,展示更全部要素查看,按照流水表方式进行时间倒序排序及用自定义排序)。每个时间段产品人工制作峰值,能实现 3D 统计图,为管理层实时掌握各产品人工制作集中度及时段分布信息。为产品制作的人员优化提供依据。并提供日志 Excel、PDF 数据导出。

安全日志

设计思路:将所有产品制作功能中可能会遇到问题进行分类,系统自动将各种问题记录在一个日志表中,同时用户可以根据发布日志管理删、查管理日志记录。

功能设计:安全日志通过自动记录错误发生的原因,或者寻找受到攻击时攻击者留下的痕迹、系统因运行异常、突出情况等非人为导致的情况,自动记录攻击事件、攻击时间、被攻击服务器、IP 地址并形成日志。用户可以通过按时间查询,展示出该用户操作的内容、操作的时间、操作结果,如图 5.16 所示。

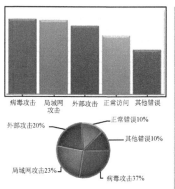

图 5.16　系统日志

5.8.1.12　用户管理

账号管理

设计思路:账号管理提供对中心端的账户与手机端账户管理,通过对用户合理管理控制登录中心端或手机端的账户,保证系统的安全性及用户管理,提供中心端用户相关信息维护管理。为每个新增用户提供默认密码,保证用户添加后不会因未设置密码导致无法登陆。管理员在删除账号时,系统会自动对该在线用户进行立即踢出,并无法再次登录。保证系统账户的安全性。

功能设计

页面按照表格方式对用户管理进行展示,提供增、删、改、查功能。所有用户数据来源通过用户自行添加,用户添加页面采用多页标签方式分为系统用户管理与客户端用户管理,均采用添加按照文本框方式进行输入,每个用户在输入时,系统自动判断该输入内容是否存在,若存在系统进行提示,默认状态为启用。添加完成后返回用户管理首页,所添加的用户立即默认按照添加时间降序显示在列表框中,用户可通过查看系统用户与手机客户端用户进行分别查看,默认为全部用户组管理。

设计思路:用户组提供对用户进行集合式管理,便于管理员对用户的实现最小细粒度权限管控(中心端与手机端功能),一个用户可以存在多个不同用户组,管理员对某一个功能进行删除时,只会对该用户组的成员及其改组的对应功能权限影响,因此不会影响其他用户组或用户的其他功能权限的正常使用,便于管理员进行日常维护。

功能设计:页面按照表格方式对用户组管理进行展示,提供增、删、改、查功能。用户组数据来自所有添加用户,通过勾选方式进行选择并对用户组进行命名,完成勾选后立即生效。

用户组权限管理

设计思路:用户组权限管理通过对用户组赋予、撤销各功能、菜单、数据的各项权限,实现对用户组统一管理,不需要关心是否影响其他用户或该用户组不需要撤销的其他权限,使管理员更快捷、高效、易用的管理用户。

5.8.2　手机客户端

主要功能

手机客户端主要分为五大模块:出行地图、行车秘书、交通实况、天气预报、我的交通。

5.8.2.1　出行地图

基于 GIS 百度地图进行定位并滚动显示天气实况信息,用户当前所在城市的路况情况、出行沿途规划及天气预报、周边加油站、停车等基本信息内容。

主要包括电子地图的放大、缩小、平移、漫游等地图基本浏览功能、基于地图的道路交通及道路天气查询功能、基于地图的定位及导航功能。

用户通过输入"到这去"自动通过 GIS 电子地图显示行车线路及最近自动站天气,同时通过基于百度地图自动导航。所有线路可进行收藏,通过用户输入收藏的名称来判断是否为已经收藏。若已经收藏则给予提示。

5.8.2.2　行车秘书

路况提醒

通过 Web Service 接口自动读取江苏交通局实时发布路况通知,并自动记录到本地数据库中,同时根据分发到所有手机客服端中,用户通过点击路况提醒功能查阅实时路况信息。

行车指数

行车指数通过 GPS 定位,结合当前用户位置距离最近自动站的远近规则,获取该自动站的能见度、湿度、降水等气象要素。所有算法根据预先获取各自动站的数据自动计算后将相应结果保存在数据库中,接收到用户请求指令后,给予发出。

实景交通

所有实景信息可分为 2 不同数据源,一种由中心服务端推送实景交通信息,另一种由手机用户通过拍照、视频、实景说明进行上传展示。所有图片均以不规则排列方式"上图下说明"进行排列,最新实景图文展示在首行并按时间降序进行一次向下排列,用户可以过上下滑动方式进行游览,每个照片的右上角提供用户点关注度,用户点击一次后,该图片的关注度就会增加 1 次,数值越大表明关注度越高。点击图片可查看该图片的全图、说明及其他用户对图片的评论。

所有实景信息通过朋友圈分享方式(微博、微信)对单个或多实景进行选择性分享。

初始化时,对容器中已有数据块元素进行第一次计算,需要用户给定:a,容器元素—以此获取容器总宽度;b,列宽度;c,最小列数;最终列数取的是容器宽度/列宽度和最小列数的最大值,这样保证了,当窗口很小时,仍然出现最小列数的数据;

获得列数后,需要保存每个列的当前高度,这样在添加每个数据块时,才知道起始高度是多少;

依次取容器中的所有数据块,先寻找当前高度最小的某列,之后根据列序号,确定数据块的 left,top 值,left 为所在列的序号乘以列宽,top 为所在列的当前高度,最后更新所在列的当前高度加上这个数据块元素的高度,至此,插入一个元素结束;

当所有元素插入完毕后,调整容器的高度为各列最大的高度值,结束依次调整。

互动交流

互动交流通过用户登录所建立的聊天室,用户实现文字、语音、视频的互动沟通,同时对敏感词汇进行自动屏蔽。整体是局域即时通讯的原理,主要涉及 IP/TCP/UPP/Sockets、P2P、C/S、多媒体音视频编解码/传送、Web Service 等多种技术。

tcp 长连接,端口为 8080,类似微软 activesync 的二进制协议。

主要用途(接口):

接受/发送文本消息;

接受/发送语音；

接受/发送图片；

接受/发送视频文件等。

所有上面请求都是基于 tcp 长连接。在发送图片和视频文件等时，分为两个请求；第一个请求是缩略图的方式，第二个请求是全数据的方式。

数据报文方面：

增量上传策略：

每次 8k 左右大小数据上传，服务器确认；在继续传输。

图片上传：

先传缩略图，传文本消息，再传具体文件

下载：

先下载缩略图，再下载原图

下载的时候，全部一次推送。

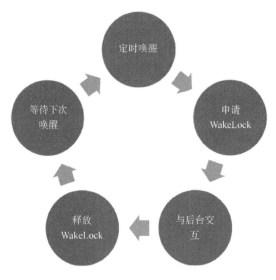

图 5.17　推送流程图

5.8.2.3　交通实况

基于百度地图将交通气象站实况数据发送到手机客户端，用户通过定时刷新数据库方式获取最新实况信息，主要显示：能见度、温度、湿度、风、降水量、路温、地温。所有数据采用每分钟更新的频率，并自动发送。

5.8.2.4　天气预报

天气预报分为六大模块："城市关注"、"7 天预报"、"预警信号"、"精细化预报"、"生活指数"、"预警信息"。

　　城市关注：通过用户自定义添加所需要关注的任意城市，则可以获取相应（多个）城市的"7 天预报"、"预警信号"、"精细化预报"、"生活指数"、"预警信息"，所有城市通过中文首字拼音、直接输入方式进行选择。

　　7 天预报：采用温度走势曲线按天气现象分白天和夜间两种展示，温度曲线图也分白天和夜间两条曲线展示。

　　精细化预报：按照每 3 小时的精细化预报服务，通过不对同时段的温度走势曲线，采用 View 技术完成所有曲线图的自动生成。

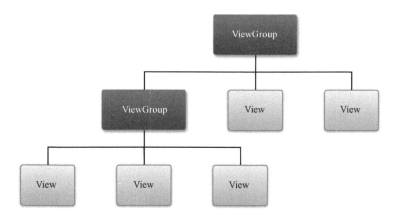

图 5.18　View 结构图

　　生活指数：包括出行指数、路况指数、洗车指数、人体舒适度、穿衣指数、紫外线指数、中暑指数等，所有指数根据用户所在城市的天气要素进行综合计算获得。

5.8.2.5　我的交通

个人信息

　　针对我的交通整体功能，需要用户登录后才能使用。用户输入用户名、密码后发送至中心服务端，通过用户信息匹配成后，反馈通过验证信息至手机客户端方能使用我的交通功能的其他功能。

爱车服务

4S 店

　　基于百度地图，根据用户所在位置 50 千米范围内，搜索出所有 4S 店信息，包括 4S 点名称、电话、主要维护车辆信息等。

事故报警电话

　　根据用户当前位置自动将用户所属交通执法区域的交警电话、报警电话进行优先置前，同时根据用户在车保提醒模块中所填写的保险公司提供快速拨打电话功能。

车保提醒

　　用户可根据自己单个或多个车辆信息输入车保信息中，客户端自动计算出下次年检时间,自动默认为到期前 10 天及临近 1 天给予提醒,若用户对车辆年检时间进行修改或关闭提醒则不进行提醒。

交通与气象

车辆定制服务

根据用户所输入的车辆信息,自动计算出当前天气影响下对车辆的不利因数及防范措施,该信息采用文本信息推送,用户若有多辆车则发送多条信息。

气象条件分析报告

根据气象条件分析近期可能发生重大交通事故,为车辆出行及行业服务提供参考,该信息采用文本信息推送。

线路关注

用户自定义出行计划,通过输入出发地、目的地,由客户端自动计算沿途经过城市,通过文字将温度、城市名称、天气现象将途径城市的天气自动展示,并对提醒方式进行是否提醒设置。

精细化交通气象

根据气象监测要素自动绘制色斑图,用户点击图片,能进行放大或缩小及下载。

交通气象产品

提供每日专报、趋势预报、16 时专报、重要信息、一周天气、周末展望、短时预警、临近预报,8 类气象产品。

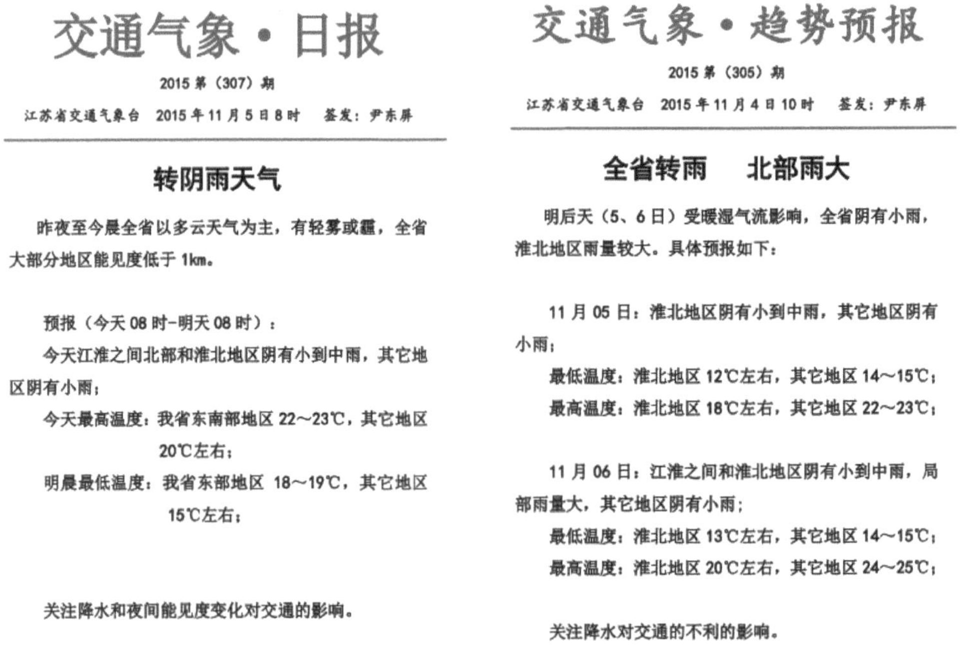

交通气象·日报

2015 第(307)期

江苏省交通气象台　2015 年 11 月 5 日 8 时　签发:尹东屏

转阴雨天气

昨夜至今晨全省以多云天气为主,有轻雾或霾,全省大部分地区能见度低于 1km。

预报(今天 08 时-明天 08 时):

今天江淮之间北部和淮北地区阴有小到中雨,其它地区阴有小雨;

今天最高温度:我省东南部地区 22～23℃,其它地区 20℃左右;

明晨最低温度:我省东部地区 18～19℃,其它地区 15℃左右;

关注降水和夜间能见度变化对交通的影响。

交通气象·趋势预报

2015 第(305)期

江苏省交通气象台　2015 年 11 月 4 日 10 时　签发:尹东屏

全省转雨　北部雨大

明后天(5、6 日)受暖湿气流影响,全省阴有小雨,淮北地区雨量较大。具体预报如下:

11 月 05 日:淮北地区阴有小到中雨,其它地区阴有小雨;

最低温度:淮北地区 12℃左右,其它地区 14～15℃;
最高温度:淮北地区 18℃左右,其它地区 22～23℃;

11 月 06 日:江淮之间和淮北地区阴有小到中雨,局部雨量大,其它地区阴有小雨;

最低温度:淮北地区 13℃左右,其它地区 14～15℃;
最高温度:淮北地区 20℃左右,其它地区 24～25℃;

关注降水对交通的不利的影响。

图 5.19　产品示意图

5.8.2.6　其他

设置

天气推送

根据用户所关注的城市,用户可选择相应接收城市的天气预报。

预警推送

根据用户所关注的城市,用户可选择相应接收城市的预警信息。

交通气象产品推送

根据用户所关注的每日专报、趋势预报、16 时专报、重要信息、一周天气、周末展望、短时预警、临近预报产品进行自定义接收信息。

清理缓存

手机客户端会根据手机内存大小一键式缓存清理,用户可根据客户端 RAM 使用率自动提示或人为地自行缓存进行清理,用户通过点击清除缓存按键即可完成清除。

消息

预警播报

根据用户所关注的城市,用户可选择相应城市的预警信息进行语音播报。

交通提醒

交通局发布的路况通知进行接收与关闭。

通知公告

接收与关闭由中心服务端发布的手机客户端升级提升、重要通知等信息。

推荐分享

通过 QQ、微信等渠道将该客户端分享给其他朋友圈,让更多的用户手中。

通过图本信息展示该客户端所有者及其他相关信息。

5.9　手机终端效果展示

以下为智能终端系统在手机等移动设备上的部分展示效果。

图 5.20　启动画面

图 5.21　本地信息

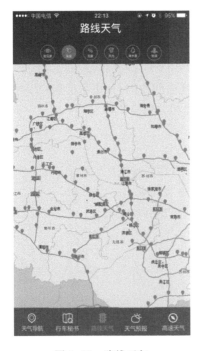

图 5.22　路线天气

图 5.23　站点实况

图 5.24　路况信息

图 5.25　交通实景

图 5.26　关注线路

图 5.27　天气导航

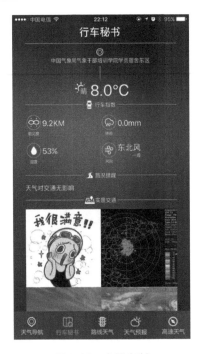

图 5.28　个性定制

图 5.29　精细预报

图 5.30　专业产品

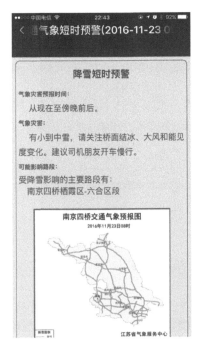

图 5.31　预警信息

第 6 章　高速公路基础知识与注意事项

6.1　高速公路的发展和定义

　　高速公路,部分国家和地区称为快速公路,属于高等级公路,时速限制比普通公路要高。高速公路的出现一方面是为了适应工业化和城市化的发展,另一方面也是汽车技术迅猛发展促成的,可以说它是经济发展的必然产物。其建设情况反映着一个国家和地区的交通发达程度、乃至经济发展的整体水平。全世界第一条高速公路是德国的艾伏斯公路,由德国科隆市市长康瑞德海迪那于 1932 年发明并建造,意大利、西班牙、英国、美国等发达国家均较早修建了高速公路。中国的第一条高速公路是连接上海和嘉定的沪嘉高速公路,始于 1984 年 12 月 21 日建造,1988 年 10 月 31 日建成通车。尽管我国的高速公路建设开始较晚,但随着中国经济的飞速发展,中国的高速公路经历了跨越式的发展,到 2014 年年底,中国高速公路通车总里程达到 11.2 万 km,超过美国居于世界第一。

　　世界各国的高速公路没有统一的标准,命名也不尽相同。美国、加拿大、澳大利亚把高速公路命名为 freeway,德国命名为 autobahn,法国命名为 autoroute,英国命名为 motorway。各国尽管对高速公路的命名不同,但都是专指有 4 车道以上、两向分隔行驶、完全控制出入口、全部采用立体交叉的公路。此外,有不少国家对部分控制出入口、非全部采用立体交叉的直达干线也称为高速公路。国际道路联合会在历年的统计年报中,把直达干线也列入高速公路范畴。我国交通运输部《公路工程技术标准》规定,高速公路是指“能适应年平均昼夜小客车交通量为 25000 辆以上、专供汽车分道高速行驶、并全部控制出入的公路”。一般能适应 120 km/h 或者更高的速度,要求路线顺畅,纵坡平缓,路面有 4 个以上车道的宽度。中间设置分隔带,采用沥青混凝土或水泥混凝土高级路面,为保证行车安全设有齐全的标志、标线、信号及照明装置;禁止行人和非机动车在路上行走,与其他线路采用立体交叉、行人跨线桥或地道通过。

6.2　高速公路的特点

6.2.1　高速公路的主要特点

高速公路的主要特点是高速、交通量大和有较高的运输经济效益及社会效益。其设计行车速度,在中国野外大多按地形的不同,分为 80、100、120 km/h 三个等级;通过城市时则大多采用 80 km/h 这个等级。高速公路平面线形大多以圆曲线加缓和曲线为主,并重视平、纵、横三维空间立体线形设计。在郊外大多为 4 或 8 个车道,在城市和市郊大多为 8 或 12 个。路面现多采用磨光值高的坚质材料(如改良沥青),以减少路表液面飘滑和射水现象。路缘带有时用与路面不同颜色的材料铺成。硬路肩为临时停车用,也需用较高级材料铺成。在陡而长的上坡路段,当重型汽车较多时,还要在车行道外侧另设爬坡车道。必要时,每隔 2~5 km 在车行道外侧加设宽 3 m、长 10~20 m 的专用临时停车带。

高速公路禁止行人、非机动车、拖拉机、电瓶车、农用运输车、轮式专用机械、全挂牵引车及设计最大时速低于 70 km 的机动车进入,只有汽车专用。对非机动车及人、畜采取禁入栅、高路堤、护栏等隔离措施将高速公路"封闭";对于不准车辆进出的路口,均设置分离式立交加以隔离;允许车辆进出的路口,则采用指定的互通式立交匝道连接。

6.2.2　高速公路的优点

车速高。高速公路平均时速在 80 km 以上,最高时速可以达到 120 km,比普通公路高出 60%~70%。

通行能力大。高速公路车道多、路面宽,通行能力大,高速公路所能承担的运输量要比普通公路高出几倍乃至几十倍。

降低运输成本。高速公路完善的道路设施条件使汽车单位运输量的燃油与轮胎消耗、车辆磨损、货损及事故赔偿损失降低,从而使运输成本大幅度降低。

促进汽车制造业发展。高速公路的高效率推动了公路运输组织方式的变革,使汽车制造业向提高轴荷载、大型化、高速化、专用化车型及集装箱运输车发展。

带动沿线经济发展。高速公路的高能、高效、快速通达的多功能作用,促进高速公路沿线商品经济的繁荣发展,为高速公路沿线创造出的有利投资环境,使其经济发展速度远远超过其他地区。

当然高速公路也有一些缺点,主要是占地多,对环境影响大,其次是造价高,投资大；三是工期比较长。

6.2.3　高速公路的分类

高速公路按其功能可分为城市内部高速公路和城市间高速公路两大类；按其距离长短可分为近程高速公路(500 km 以内)、中程高速公路(500～1000 km)和远程高速公路(1000 km 以上)三类；按其布局形式分为：平面立体交叉高速公路、路堤式高速公路、路堑式高速公路、高架高速公路和隧道高速公路。

6.2.4　高速公路的组成部分

高速公路是全封闭、全立交、控制出入口，设有中央分隔带及多种安全、管理、服务设施，专供机动车高速行驶的公路。高速公路包括中央分隔带、行车道、路肩、加速车道、减速车道、上坡车道、跨路桥、匝道、外环和内环、入口和出口等组成部分；行车道又分为内侧车道(亦称超车道)和外侧车道。

高速公路的交通设施主要包括：

安全设施

1. 中央分隔带

主要作用为分隔车流、防止碰撞、设立防眩栅。中央分隔带每隔一段距离留有缺口，供高速公路巡逻车、救护车、急救工程车、警车等应急使用，其他车辆未经许可不得穿越。

2. 防护栏

设于高速公路两侧，以防止车辆驶出公路，减轻对车辆的破坏及对乘客的伤害程度。

基础交通设施

1. 匝道

高速公路出口或入口靠右侧的一条道路(一般在 150～200 m)

2. 出入口

3. 行车道

4. 应急车道

主要在城市环线、快速路及高速路两侧，专门供工程救险、消防救援、医疗救护或民警执行紧急公务等处理应急事务的车辆使用，任何社会车辆禁止驶入或者以各种理由在车道内停留。

5. 变速车道

入口处的变速车道为加速车道，出口处的变速车道为减速车道。

6. 爬坡车道

爬坡车道是在陡坡路段车道右侧设置的供载货汽车、大客车行驶的专用车道。

7. 立体交叉

高速公路与其他道路交叉时，全部采用立体交叉。

8. 紧急停车带

紧急停车带指高速公路上供发生故障的车辆或其他原因紧急停车使用的。

9. 交通标志、标线和可变信息板。

服务设施

1. 紧急电话

在高速公路上通常每隔 500～1000 m 的距离就设有一部电话，该电话设置于右侧路肩，用于事故报警和故障求救。紧急电话分为直接通话和按钮电话两种。

2. 服务区

又称高速公路服务站，高速公路服务区的设施包括住宿（含停车）、餐饮、加油、汽车修理四大功能。

6.3　高速公路的有关规定和注意事项

高速公路上车速快，稍有差错便会造成严重后果，所以司乘人员在上高速之前以及在高速公路行驶当中应该遵循相关法规，并做好相应准备。

6.3.1　相关法规

《中华人民共和国道路交通安全法》针对高速公路有专门的一节——高速公路的特别规定，主要有以下几个需要注意的地方。

（一）最高时速 120 km

《交通安全法》第六十七条规定："……高速公路限速标志标明的最高时速不得超过一百二十公里。"

高速公路具有车速高、通行能力大、全封闭、汽车专用等优点。以前很多司机认为高速公路不应该限速或者认为限制的最高时速太低，但是，为了确保行车的安全，根据我国高速公路的实际情况，《交通安全法》规定最高时速不得超过 120 km。超速行驶造成的交通事故死亡率高，损失大，速度越高，冲撞损害后果越严重。为了确保行车安全，严禁超速行驶。一是超速行驶导致车辆刹车距离加大。二是超速还影响车辆的稳定性。车速越高，车辆保持直线行驶的惯性越强，方向的操纵性越差，一旦遇到紧急情况，很难控制车辆的速度和方向，并且车速过高，遇到突发情况或障碍物时制动过猛或打方向过急，容易造成翻车事故，也容易造成爆胎。三是车速过快会加大车身顶部和底部的气流速度差，使车身产生向上的升力，造成车身"发飘"，稳定性降低。四是超速使驾驶员视野受到限制。一般驾驶员行车时注意力总是集中于路面,车速越高,注视点越前移,视线变得越狭窄。实验表明,时速为 60 km 时,驾驶员双眼复合视野为 29°,时速为 120 km 时,复合视野仅为 3°。五是超速影响驾驶员的判断能力。超速行驶会导致驾驶员对车速及前后车距产生错误判断。驾驶员车速判断实验结果表明:以 100 km 时速行驶 60 km 后减速,驾驶员估计时速为 60 km 时的实际时速为 80.1 km,误差 32%。时速在 112 km 的情况下,判断行车间距 40 m,实际行车间距为 91 m,误差 51 m。并且,超速行驶时驾驶员精神高度紧张,容易出现操作失误,容易因疲劳而反应迟钝,导致意外发生。为了珍惜自己和他人的生命安全,高速交警提醒司机不要超速行驶。

(二)车辆发生故障后警告标志设置在来车方向 150 m 以外

《交通安全法》第六十八条规定:"机动车在高速公路上发生故障时,应当依照本法第五十二条的有关规定办理;但是,警告标志应当设置在故障车来车方向一百五十米以外,车上人员应当迅速转移到右侧路肩上或者应急车道内,并且迅速报警。"设置警告标志的距离为 150 m,主要是因为高速公路上车辆行驶速度很快,从确保安全的角度出发。

(三)除公安机关的人民警察依法执行紧急公务外,任何单位、个人不得在高速公路上拦截检查车辆

《交通安全法》第六十九条规定:"任何单位、个人不得在高速公路上拦截检查行驶的车辆,公安机关的人民警察依法执行紧急公务除外。"明确规定了禁止有关部门和公民在高速公路超车道、行车道上拦截和检查正在行驶的车辆,如收费,检查车辆证件、货物、搭车,推销商品等行为,以维护高速公路交通秩序。公安机关依据国家法律、法规,在执行追捕、堵截违法犯罪分子和重大违法犯罪嫌疑人员,处置突发事件、救灾等紧急任务时,可以在高速公路上拦截检查车辆。

此外,执勤交通警察在高速公路出入口、收费站、服务区或高速公路紧急停车带内,对有交通违法行为的机动车驾驶人进行处罚或对嫌疑车辆进行检查的执法行为,不属于在高速公路上拦截检查行驶车辆的情形,属正常执勤。

6.3.2　车辆进入高速公路前的注意事项

主要有两大方面,第一方面是注意了解天气预报信息和交通广播信息,这个已经毋需多言了,两者都直接关系高速公路旅程的安全性。第二方面是上高速公路前做好对车辆的检查工作。

第一,要检查燃油量。由于高速公路上加油站设置间距较远(通常在 30～50 km 一座,部分路段可能 100 km 左右才有一座加油站),而且有可能会遇到加油站暂时性无油的状况,因此汽车行驶时应注意燃油剩余量,提前加油。此外,汽车在超过 100 km/h 的速度下高速行驶,燃料的消耗要比预想的多。一般机动车的经济时速在 80～100 km/h,以百千米经济油耗 8 L 的车为例,时速为 120 km/h 行驶 100 km 耗

油可能超过 12 L,油耗明显增加。因此,高速行驶时,燃料要准备充分。

第二,要检查轮胎的气压。汽车在行驶中,轮胎将产生压缩及膨胀,,即所谓的轮胎变形,特别在轮胎气压较低、车速较高时,这种现象更加明显,此时轮胎内部异常高温,将产生橡胶层与覆盖层分离,或外胎面橡胶破碎飞散等现象而引起爆胎,发生车辆事故。因此高速行驶前,轮胎的气压要比平时高一些。

第三,要检查制动效果。汽车的制动效果对行车安全有着举足轻重的地位。在高速公路上行驶,更要注意制动效果。出发前,应先低速行驶检查制动效果,发现有异常时,一定要进行维修,否则,极有可能引起重大事故。

另外,对机油、冷却液、风扇皮带、转向、传动、灯光、信号等一些部位的检查也不容忽视。

6.3.3　在高速公路上行驶时的注意事项

高速公路行车有诸多需要注意的地方,最主要的有以下几方面:

第一,在高速公路上行驶必须杜绝"三超",即"超载、超速、超员"。

第二,车辆高速行驶中,同一车道内的后车必须与前车保持足够的安全距离,若遇雨、雪、雾等不良天气,更需加大行车间隙,同时也要适当降低车速,谨防追尾。

第三,在高速公路上行驶时,要遵守限速标志的要求限速行驶。当限速标志标明的车速与规定车道行驶速度不一致时,按照道路限速标志标明的车速行驶。

第四,在弯道和坡道行驶时,要注意控制车速,不易过快,否则容易发生冲撞防护栏或中央隔离带、追尾相撞等事故。车辆从匝道入口进入高速路,必须在加速车道提高车速并尽快提速,同时打开左转向灯,在不影响行车道上车辆正常行驶时,从加速车道进入行车道。

第五,正确使用制动刹车。高速公路上行车,使用紧急制动是非常危险的,因为随着车速的提高,轮胎对路面的附着能力下降,制动跑偏、侧滑的概率增大,使汽车的方向难以控制,同时,若后车来不及采取措施,将发生多车相撞事故。行车中需制动时,首先松开加速踏板,然后小行程、多次轻踩制动踏板,这样"点刹"的做法,能够使制动灯快速闪亮,有利于引起后车的注意。

第六,超车

超车是高速公路上常见的一种交通行为。据不完全统计,目前国内高速公路与违章超车有关的交通事故占高速公路事故总起数的 18%——违章超车已成为诱发高速公路交通事故的一个不容忽视的因素。超车时,车速较快,两车侧向之间距离较小,突遇强烈侧向风袭击,行驶方向发生偏离时,容易产生两车侧面刮擦而发生交通事故。

超车前,首先应观察和判断前车的行车状况,并通过后视镜观察超车道上是否有后续车辆及其行驶状况;在确认要进入超车道时,应提前开启转向灯,夜间还需变换远、近光灯,确认超车道前后车辆均有足够的安全间距后,平缓地转动转向盘驶入超车道。超车时,与同向前车至少要保持 70 m 的间距,并且超车均需左侧进行,严禁右侧超车。超车后,开启右转向灯,待被超车辆全部进入后视镜后,再平滑地操作方向盘,在保证安全和不影响其他车辆正常行驶的情况下,进入右侧行车道,关闭转向灯,严禁在超车过程中急打方向。

此外,还应注意不得长时间占用超车道行驶。

第七,变更车道

车辆在高速公路上行驶,遇前方路段有障碍无法正常行驶时,应提前减速,做好变更车道准备,并提前 3 秒开启转向灯,确认安全后,再驶入其他车道。切记,在高速公路下坡转弯路段以及通过隧道时禁止变道。

第八,隧道行车

我国地形复杂,不少高速公路穿山而过,隧道会经常出现在我们的行程当中。由于隧道内与隧道外的光线存在差异,会对驾驶员视觉造成很大的障碍,容易诱发事故,所以必须要小心谨慎驾驶。在驶入隧道前,应开启大灯和示宽灯,便于观察前方情况并引起后方车辆的注意。进入隧道后,要注意控制车速,并保持安全行车间距。严禁在隧道内变更车道、超车和停车。驶出隧道后,不要盲目加速和变道,要等眼睛适应外界亮度后再做考虑。

第九,应急避险

车辆在高速公路行驶中发生故障或交通事故,应该向后续车辆发出危险信号,立即开启危险报警闪光灯(双跳),夜间还需同时开启示宽灯和尾灯。司乘人员必须迅速转移到路肩或者紧急停车带内,并在故障车后 150 m 外设置警告标志牌,并通过紧急电话报告交通警察或高速公路监控室,简要叙述故障或事故内容,请求帮助,等待救援。切不能试图强行拦截车辆求助或自行在行车道处理故障或事故。

第十,避免疲劳驾驶

驾驶疲劳,是指驾驶人在长时间连续行车后,产生生理机能和心理机能的失调,而在客观上出现驾驶技能下降的现象。驾驶人睡眠质量差或不足,长时间驾驶车辆,容易出现疲劳。驾驶疲劳会影响到驾驶人的注意、感觉、知觉、思维、判断、意志、决定和运动等诸方面。疲劳后继续驾驶车辆,会感到困倦瞌睡,四肢无力,注意力不集中,判断能力下降,甚至出现精神恍惚或瞬间记忆消失,出现动作迟误或过早,操作停顿或修正时间不当等不安全因素,极易发生道路交通事故。为避免疲劳驾驶,应科学地安排行车时间,保持驾驶室空气畅通、温度和湿度适宜,减少噪声干扰。驾驶车辆时避免长时间保持一个固定姿势,在连续长时间行驶后应及时到服务区休息或者与其他驾驶员轮流交替驾驶。

参考文献

贺芳芳,房国良,吴建平,等.2004.上海地区不良天气条件与交通事故之关系研究[J].应用气象学
　　报,**15**(1):126-128.

刘红亚,蒋翠花,张永强,等.2001.高速公路施工气象指数的建立[J].气象,**27**(5):50-52.

谢静芳,吕得宝,王宝书,等.2006.高速公路路面摩擦气象指数预报方法[J].气象与环境学报,
　　22(6):18-21.